本书获国家社会科学基金西部项目
"数字赋能制造业'链主'企业碳足迹减排的影响机制研究"
（项目编号：23XGL025）资助

企业环境信息披露质量的影响因素和经济后果研究

QIYE HUANJING XINXI PILU ZHILIANG DE

YINGXIANG YINSU HE JINGJI HOUGUO YANJIU

杨斯悦◎著

U0243991

中国财经出版传媒集团

经济科学出版社
Economic Science Press

·北京·

图书在版编目（CIP）数据

企业环境信息披露质量的影响因素和经济后果研究／
杨斯悦著 . -- 北京：经济科学出版社，2024.3
ISBN 978 - 7 - 5218 - 5524 - 1

Ⅰ.①企… Ⅱ.①杨… Ⅲ.①企业环境管理-信息管
理-研究-中国 Ⅳ.①X322.2

中国国家版本馆 CIP 数据核字（2024）第 008778 号

责任编辑：朱明静
责任校对：王肖楠
责任印制：邱 天

企业环境信息披露质量的影响因素和经济后果研究

杨斯悦 著
经济科学出版社出版、发行 新华书店经销
社址：北京市海淀区阜成路甲 28 号 邮编：100142
编辑部电话：010-88190489 发行部电话：010-88191522
网址：www. esp. com. cn
电子邮箱：esp_bj@ 163. com
天猫网店：经济科学出版社旗舰店
网址：http://jjkxcbs. tmall. com
固安华明印业有限公司印装
710×1000 16 开 12 印张 210000 字
2024 年 3 月第 1 版 2024 年 3 月第 1 次印刷
ISBN 978 - 7 - 5218 - 5524 - 1 定价：62.00 元

前　言

随着经济的飞速发展，工业化进程的不断加速，环境事件一再敲响人类的警钟。企业生产经营活动离不开自然环境，但反过来又给自然环境带来严重伤害。近年来，在公共环境事件发生时由于未能及时公布环境信息而导致的危害尤为严峻。随着社会公众的环保意识逐渐增强，企业履行环保义务、承担社会责任已成为社会的共识，企业披露环境信息是企业积极履行环境责任的重要表现之一。党的十九大报告提出，必须"提高污染排放标准，强化排污者责任，健全环保信用评价、信息强制性披露、严惩重罚等制度"。① 发展"绿色经济"，促进企业环境信息公开是我国未来发展的重要方向。党的二十大报告提出，要"深入推进环境污染防治"，"健全现代环境治理体系"。② 持续发展"绿色经济"，企业环境信息公开质量的提高是加强现代化治理体系的基础要求。

环境信息不同于一般的财务信息，更容易存在信息不对称问题。环境信息披露的目的是降低企业与社会公众间的信息不对称，满足政府和社会公众等社会各界利益相关者对环境信息的需要。我国的环境会计引入和研究较晚，环境信息披露的研究具有难以定量的特点，虽然近年来我国学者对企业环境信息披露的研究逐渐增多，但是，目前针对上市公司环境信息披露质量研究的文献还比较少。在此背景下，本书以利益相

---

① 决胜全面建成小康社会　夺取新时代中国特色社会主义伟大胜利——在中国共产党第十九次全国代表大会上的报告［EB/OL］. 人民网, https：//www.gov.cn/zhuanti/2017 - 10/27/content_5234876. htm, 2017 - 10 - 18.

② 高举中国特色社会主义伟大旗帜 为全面建设社会主义现代化国家而团结奋斗——在中国共产党第二十次全国代表大会上的报告［EB/OL］. 人民网, https：//www.gov.cn/xinwen/2022 - 10/25/content_5721685. htm, 2022 - 10 - 25.

关者理论、信号传递理论、委托代理理论和博弈论为理论基础，针对目前我国企业环境信息披露数量多、披露质量低的现象，以 2008 ~ 2018 年我国沪深两市重污染行业上市公司为样本，研究如何提高我国企业环境信息披露的质量。首先，构建我国企业环境信息披露质量的综合评估模型，并研究近十余年来我国重污染行业上市公司环境信息披露质量的时空演进特征，明确我国企业环境信息披露质量的现状。其次，运用倾向得分匹配双重差分法和实证研究的方法，从政府、企业内部和社会压力三方面研究企业环境信息披露质量的影响因素。再次，从经济后果角度研究企业环境信息披露质量与企业真实盈余管理之间的关系。最后，得出提高上市公司环境信息披露质量的对策和建议。

　　本书的研究结果表明：（1）从时空演进特征分析来看，企业环境信息披露质量整体呈现出从西部向东部拓展和延伸，从北部向南部拓展和延伸，我国企业环境信息披露质量"北高南低"的空间格局逐渐得到缓解，西南和华南地区企业受到其东部和北部企业空间溢出效应的影响，因而整体披露质量提升速度较快；企业环境信息披露内容随着 2015 年修订后实施的《中华人民共和国环境保护法》（以下简称"新《环保法》"。）的实施而变化，环保设施、气候治理、节能减排、三废治理等指标得到飞速发展。（2）企业环境信息披露质量受政府政策、企业内部因素和社会压力三方面因素的影响作用，其中企业环境信息披露政策推动了我国企业环境信息公开的发展，提高了整体披露质量，改进了披露的方式；内部因素中企业规模、高管受教育程度、高管任期和股权集中度越高，企业环境信息披露质量越高，董事长和总经理由一人同时担任和国有企业的特性会显著降低企业环境信息披露质量；社会压力的增加会显著提高企业环境信息披露的质量。（3）企业环境信息披露质量的提高会带来企业虚增盈余的机会主义行为，实证结果得出，企业环境信息披露质量越高，真实盈余管理程度就越高，且存在滞后效应，即企业当年的环境信息披露质量越高，越有可能在当年以及下一年虚增真实盈余管理。并进一步研究了高管特征如何规避这一经济后果，其中高管政治关联会强化环境信息披露质量与真实盈余管理之间的关系，但是高管薪酬和高管规模会负向调节二者之间的关系，即通过增加高管薪酬和扩大高管规模可以规避企业因为环境信息披露质量的提高而虚增盈余管理的行为。

　　本书的创新之处主要有三点：（1）从博弈论的视角分析企业环境信息披露内外部各利益相关方之间的博弈模型，构建合理有效的企业环境信息披露质量影响因素的概念模型。（2）首次归纳总结了我国全区域重污染行业上市公司 2008～2018 年环境信息披露质量的时空演进特征，有助于全面了解我国企业环境信息披露质量的发展状况。（3）基于理论论证和现状评价，采用双重差分法及实证研究的方法，深入系统地从政府、企业和社会三个角度研究了企业环境信息披露质量的影响因素，以及对企业真实盈余管理的后果研究，从实证角度为我国企业环境信息披露质量提升的实现路径和政策建议提供依据。

目　录

第一章 绪 论

1.1 研究背景与意义

1.1.1 研究背景

环境事件一再敲响人类的警钟，水污染、土壤污染、大气污染等成为困扰经济社会发展和制约人们追求美好生活的瓶颈，这是中国粗放式发展经济期的"先污染、后治理"以及环保意识和环境会计理论落后于实践的恶果。企业生产经营活动离不开自然环境，但反过来又会严重破坏自然环境。随着经济的飞速发展，工业化进程的不断加速，环境污染事件也进入频发期，对人们的生产生活造成极大影响，引发社会的高度关注。

2013 年雾霾成为年度关键词，2016 年《中国环境状况公报》统计得出当年环境污染物超标的城市占比高达 75.1%。2017 年中国生态环境保护部最新数据显示全年共发生 302 起环境事件，[①] 由于公共环境事件发生未能及时公布环境信息而导致的危害尤为严峻。2017 年至 2018 年就发生了两起重大环境事件，分别是"嘉陵江广元段铊污染事件"[②] 和"江苏辉丰公司非法处置危险废物"[③]，两者的共同之处在于违法排放有毒有害废水而导致的公共资源污染，前者致使西湾水厂饮用水水源地水质铊浓度超标 4.6 倍，后者早在 2015 年就利用雨天偷排高浓度有毒有害废水 10

---

① 2017 年全国仅发生一起重大突发环境事件 [EB/OL]. 人民网，http://politics.people. com. cn/n1/2018/0324/c1001 – 29886326. html，2018 – 03 – 24.

② 关于妥善处置嘉陵江（广元段）铊污染事件情况的通报 [EB/OL]. 中华人民共和国生态环境部，https://www.mee.gov.cn/gkml/hbb/bgth/201707/t20170717_417946.htm，2017 – 07 – 10.

③ 生态环境部通报盐城市辉丰公司严重环境污染及当地中央环保督察整改不力问题专项督察情况 [EB/OL]. 中华人民共和国生态环境部，https://www.mee.gov.cn/xxgk2018/xxgk/xxgk15/201804/t20180420_630104.html，2018 – 04 – 20.

余次，直到 2018 年被群众举报才得以严查。这不仅是企业对于环境保护责任的缺失，更是政府等相关部门的监管失察。时至今日，环境问题依旧是关系到全人类可持续发展的重点研究，亟须不断更新环境理论来履行社会责任。

企业积极履行环境责任是企业除了经济效益外实现价值最大化的另一途径。生态现代化理论认为，经济效益和环境保护是可以相融的，企业履行环境责任可以与自身的生产经营相结合，选取环保工艺，实现经济与环境的"双赢"。环境信息不同于一般的财务信息，更容易存在信息不对称问题。因此，环境信息披露的目的是降低企业与社会公众间的信息不对称，满足政府和社会公众等社会各界利益相关者对环境信息的需求。企业披露环境信息是企业积极履行环境责任的重要表现之一。

环境信息披露属于环境会计领域，最早为欧洲等西方国家所重视，大多数欧洲国家都立法要求企业要增强环保方面的投入，并在企业的财务会计报告中向公众进行披露。虽然我国的环境会计引入和研究较晚，但政府及相关部门先后出台的一系列环境信息公开政策有效推动了企业环境责任的履行，加强了社会的监督，使利益相关者能更好地了解企业环保相关工作的实施情况（王琮，2013；毕茜等，2012）。我国证监会最早在 1997 年 1 月发布的《招股说明书的内容和格式（试行）》中对企业环境信息披露作出政策规定，要求上市公司应当披露与企业相关的环境信息。2003 年 9 月，国家环境保护总局发布第一个针对重污染企业环境信息披露的规范性文件——《关于企业环境信息公开的公告》，公告规定被列入名单的重污染企业强制实施的五项目录和自愿实施的八项目录。随后，环境保护部和证监会分别于 2007 年、2008 年发布《上市公司信息披露管理办法》《深圳证券交易所上市公司信息披露工作考核办法》等相关政策法规，旨在推动企业自愿进行环境信息披露。2010 年，环保部发布《上市公司环境信息披露指南》，明确规定了水泥、煤炭、火电、钢铁、冶金、电解铝、化工、石化、纺织、制革、建材、采矿业、造纸、酿造、发酵和制药等 16 类行业为重污染行业。2016 年 12 月，国务院出台《"十三五"生态环境保护规划》明确提出要建立环保信息强制性披露机制，并处罚了未披露信息的企业。2017 年 12 月，为鼓励企业自愿进行环境信息披露，证监会发布《上市公司年报和半年报的内容与格式（2017 修订）》，指出重点排污企业强制披露环境信息，非重点排污企业则执行"不披露就解释"原则。党的十九大报告提出，"从二〇二〇年到二〇三五年，在全国建设小康社会基础上，再奋斗十五年，基本实现社会主义现代化"，"生态环境根本好转，美丽中国目标基本实现"。同时，为了"着力解决突出环境问题"，必须"提高污染排放标准，强化排污者责任，健全环保信用评价、信息强制性披露、严惩重罚等制度"。① 从中可见，企业环保信息强制性披露制度将很快推出，发展"绿色经济"、建设生态文明社会和企业环境信息公开是我国未来发展的重要方向。党的二十大报告指出，要"站在人与自然和谐共生的高度谋划发展"，"协同推进降碳、减污、扩绿、增长"。② 企业环保信息强制性披露制度在持续推进，发展"绿色经济"、建设生态文明社会和企业环境信息公开是推动绿色发展，应对气候变化的重要方向。

　　环境信息披露的研究具有难以定量的特点，主要是因为环境信息涉及各个维度，不具有系统、完整的数据库。近年来，我国学者对企业环境信息披露的研究逐渐增多，在该领域也取得了很好的研究成果。但是，目前针对上市公司环境信息披露质量研究的文献还比较少，这就为本书的研究留下了很大的空间。在此背景下，本书首先以利益相关者理论、信号传递理论、委托代理理论和博弈论为理论基础，以 2008～2018 年我国沪深两市重污染行业上市公司为研究对象，针对目前我国企业环境信息的披露数量多、披露质量低的现象，研究如何提高我国企业环境信息披露质量。从企业环境信息披露质量的综合评估模型到近十余年来我国重污染行业上市公司环境信息披露质量的时空演进特征分析，明确我国企业环境信息披露质量的现状。其次分析企业环境信息披露质量的影响因素、我国企业环境信息披露质量的经济后果。最后提出提高上市公司

---

① 决胜全面建成小康社会　夺取新时代中国特色社会主义伟大胜利——在中国共产党第十九次全国代表大会上的报告 [EB/OL]. 人民网，https：//www. gov. cn/zhuanti/2017 – 10/27/content 5234876. htm，2017 – 10 – 18.
② 高举中国特色社会主义伟大旗帜　为全面建设社会主义现代化国家而团结奋斗——在中国共产党第二十次全国代表大会上的报告 [EB/OL]. 人民网，https：//www. gov. cn/xinwen/2022 – 10/25/content_5721685. htm，2022 – 10 – 25.

环境信息披露质量的对策和未来发展的方向。

1.1.2 研究意义

近年来环境问题愈演愈烈,社会公众的环保意识不断提高,企业履行环保义务、承担社会责任已成为社会的共识。本书对企业环境信息披露质量的研究具有较强的理论意义和现实意义。

从理论上看,由于缺乏对环境报告内容的标准化、规范化或审计研究,而且披露内容多为自愿披露而非强制执行,因此,每个公司信息披露的内容差距很大,而且质量普遍偏低,缺乏预测性(MacLean and Gottfrid,2000;Wright,1995)。本书基于博弈的相关理论,分析构建企业环境信息披露质量的概念模型,综合评估了 2008~2018 年我国企业环境信息披露质量的时空演进特征,检验了政府政策、企业内部和社会压力对企业环境信息披露质量的影响作用,丰富了企业环境信息公开和环境管理学的基础理论与案例研究成果。

从实践上看,相关且可靠的环境信息不仅有助于利益相关者准确识别企业环境信息披露的现状,更为企业环境信息披露战略安排提供决策支撑。本书在总结归纳前人研究成果的基础上,选取企业环境信息披露质量的特征,以完整性、平衡性、准确性和时效性为原则,以环境信息披露战略、环境信息披露内容、环境信息披露的披露形式、环境信息披露的第三方审计为元素建立企业环境信息披露质量的评价体系。为环境信息披露参与者(主要是企业)的战略选择提供可靠、有力的支撑,也为政府、投资人、债权人、金融机构、社会公众等利益相关者了解企业环境信息披露的特征及问题提供参考标准,进而依此作出相关决策,具有实践意义。而且,有效的环境信息披露政策可以促进企业完善环境信息披露的内容,提高环境信息披露的质量,有效的绿色信贷政策可以促使环境信息披露较好的企业获得更多的银行贷款支持,而环境信息披露较差的企业则只能获得很少的金融投资。本书利用政策评估的方法识别企业环境信息披露相关政策的有效性,研究企业环境信息披露质量的影响机理,提出政策建议。其实践价值在于研究了企业环境信息披露质量的影响因素机理，有助于提升政府环境治理能力，培养企业的环保意识与环境透明度，增强企业社会责任与公信力，使政府、企业和公众之间和谐发展，减少环境冲突事件发生的概率，对于长期的污染防治具有重要的实践意义。另外，我国股市发展时间较短，股价不稳定，市值起伏较大，主要是投资者大多看中短线交易，没有长远的投资策略所致。而对于企业而言，也缺乏被投资者信赖的自身可持续发展的条件。企业环境信息披露是信息公开很重要的一部分，在日益受到重视的生态文明建设下，也是衡量企业是否绿色环保、是否具备可持续发展条件的标准之一。一个具有良好环境信息披露质量的企业也会获得银行等金融机构的绿色贷款，拥有更好的金融条件。因此，研究企业环境信息披露质量有助于营造一个长期稳定的市场环境，有利于企业乃至股市的稳定发展。

1.2 研究思路与内容

1.2.1 研究思路

本书遵循"理论框架和状态评价—政策评估与实证研究—结论及政策建议"的基本思路，研究技术路线如图 1-1 所示。首先，基于企业环境信息披露的相关概念界定、评估方法、准则和相关理论基础，构建企业环境信息披露质量的综合评估模型，计算出 2008~2018 年我国重污染行业上市公司环境信息披露质量，进而对全样本、分区域、分行业、分披露内容等不同角度的企业环境信息披露质量时空演进特征进行分析，对我国企业环境信息披露质量 2008~2018 年的发展情况进行全面了解。其次，对我国企业环境信息披露代表性的政策法规进行评估，从政府政策角度分析其对企业环境信息披露质量的影响作用，实证检验企业环境信息披露质量的内部影响因素和社会组织带来的外部影响因素，对我国企业环境信息披露质量的影响因素从政府政策、企业自身和社会三方面进行全面分析。接着从企业环境信息披露质量的经济后果角度出发，对企业环境信息披露质量对真实盈余管理的影响进行研究。最后，得出对我国企业环境信息披露质量研究的结论，围绕结论提出提高我国企业环境信息披露质量的对策和建议。

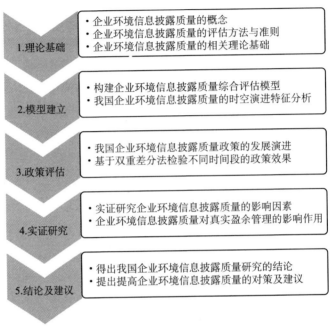

图 1-1　研究技术路线

资料来源：笔者整理而得。

1.2.2　研究内容

本书首先梳理了已有文献关于企业环境信息披露质量的研究成果，其次基于利益相关者理论、信号传递理论、委托代理理论、博弈论等理论基础构建企业环境信息披露各利益相关方的博弈模型。然后构建了企业环境信息披露质量综合评估模型，分析了我国企业环境信息披露质量的时空演进特征。运用双重差分法（differences-in-differences，DID）从政府政策角度对《上市公司环境信息披露指南》和新《环保法》政策效用进行评估，从企业自身角度对企业内部影响因素进行研究，从社会组织角度对社会压力外部影响因素进行研究。还研究了企业环境信息披露质量与真实盈余管理的关系，并加入高管特征作为调节变量。最后，根据理论分析、影响因素分析和经济后果分析得出企业环境信息披露质量提升的实现路径和政策建议。

本书具体结构安排如下。

第一章是绪论，主要介绍本书的研究背景与意义、研究思路与内容、研究方法与创新点、企业环境信息披露质量的基本概念。

第二章是相关理论基础与国内外文献综述，首先对企业环境信息披露质量的利益相关者理论、信号传递理论、委托代理理论和博弈理论等理论基础进行分析，然后梳理、归纳和总结国内外已有文献关于企业环境信息披露的内容和方式、影响因素、后果和质量评估的研究成果，发现其中的不足，得出本书的切入点。

第三章是构建企业环境信息披露质量的概念模型，基于博弈理论基础构建企业环境信息披露各利益相关方的博弈模型，通过研究企业内外部各利益相关者的博弈关系来分析最优策略选择，进而构建包含时空演进分析、影响因素分析和经济后果分析的企业环境信息披露质量概念模型。

第四章是企业环境信息披露质量综合评估，首先根据国内外学者的已有研究，结合我国重污染行业上市公司环境信息披露的原则和特点，构建了我国企业环境信息披露质量的指标体系。其次根据该指标体系计算我国沪深两市重污染行业上市公司 2008～2018 年企业环境信息披露质量，并从全样本、行业、区域、披露内容、企业性质等方面进行我国企业环境信息披露质量的时空演进特征分析。

第五章是企业环境信息披露质量的影响因素，本章从政府政策、企业内部、社会压力三方面分析企业环境信息披露质量的影响因素。政府政策角度，梳理了我国政府颁布的有关企业环境信息披露的所有政策文件，然后运用 DID 双重差分法对代表性的政策进行效用评估，将实验组和对照组进行政策实施前后的对比分析，检验政策带来的"净效应"，得出企业环境信息披露政策是否真正有效，为后文提出增强企业环境信息披露质量的政策建议奠定基础；企业内部角度，基于我国沪深两市 434 家重污染行业上市公司的数据样本，进行企业环境信息披露质量的内部影响因素研究，涵盖企业特征和企业治理变量；从社会压力角度，分析社会公众和社会组织带给企业的外在环境信息披露压力。

第六章是企业环境信息披露的经济后果，本章从企业环境信息公开带来的经济后果角度分析，研究企业环境信息披露质量对真实盈余管理的影响，并进一步研究高管特征变量作为重要调节变量对二者的影响作用。

第七章是研究结论与政策建议，本章基于前文对企业环境信息披露质量的综合评价模型和时空演进分析、影响因素分析、经济后果分析，得出企业环境信息披露质量提高的实现路径，并据此提出政策层面的有效建议。

1.3　研究方法与创新点

1.3.1　研究方法

1. 统计计量分析法

本书对收集的我国沪深两市 A 股 434 家重污染行业上市公司 2008 ~ 2018 年的企业环境信息披露质量现状的资料数据进行统计分析处理，包括披露的总体水平、披露内容、披露方式、行业间披露的差异、各项指标频率变化等。对我国企业环境信息披露质量的现状进行综合评价，为理论分析提供现实依据。在研究过程中利用 Excel、Stata 等统计分析软件，对面板数据构建计量模型，回归分析影响企业环境信息披露质量的影响因素，为后面研究如何提高我国企业环境信息披露的质量和政策建议提供实证基础。

2. 政策评估法

本书运用现代政府管理的一项先进技术手段——双重差分法，对现有企业环境信息披露的相关政策进行效用评估。双重差分法是广泛使用的一种影响评估方法，可以有效地避免环境政策问题的内生性和遗漏变量等问题，准确识别政策与治理目标之间的因果关系。本书首先梳理出与环境信息公开相关的政策法规，从中挑选最具代表性的政策，然后运用倾向得分匹配双重差分法检验出该政策的"净效应"，评估政策的有效性。

3. 内容分析法

内容分析法是一种以定性研究为基础的客观、系统的定量研究方法。目的是将由语言表述的内容转化为数字表述的形式，使抽象的内容量化、可计量。企业环境信息披露的内容是根据上市公司的年报、社会责任报告中的披露信息统计出来的，而我国重污染行业上市公司的披露内容多为文字描述，故本书运用内容分析法，将企业环境信息披露的内容量化，进行分类、统计。

1.3.2　创新点

相比于现有文献，本书可能的创新之处主要体现在以下三个方面。

第一，近年来我国企业环境信息披露的研究逐渐增多，研究的纬度和广度增加，但大多基于利益相关者理论、信号传递理论和委托代理理论。本书希望从博弈论的角度对企业环境信息披露内外部各利益相关方之间的博弈模型进行研究，基于各方之间博弈模型的最优策略选择构建合理有效的企业环境信息披露质量概念模型，从一个新的理论视角分析企业环境信息披露质量。

第二，首次对我国全区域重污染行业上市公司 2008～2018 年的环境信息披露质量进行时空演进特征分析，并细分了全样本、行业、区域、披露内容、企业性质等方面。归纳总结了我国企业环境信息披露质量过去十余年的时空演进特征，有助于全面了解我国企业环境信息披露质量的发展状况，对后期如何提高企业环境信息披露质量提供现实基础。

第三，基于理论论证和现状评价，深入系统地研究了企业环境信息披露质量的影响因素和经济后果，相比以往研究更加全面细致。根据博弈模型各利益相关方的博弈分析，选择政府政策、企业内部和社会外部压力三个影响因素研究，政府政策评估引入倾向得分匹配双重差分法检验、企业内部因素和社会压力影响运用实证检验的方法，全面分析了我国企业环境信息披露质量的内外部影响因素。企业环境信息披露质量的经济后果研究区分于国内外学者研究较多的正向经济后果，着眼于其对企业真实盈余管理的影响，企业环境信息披露质量的提高可能带来虚增盈余、盈余操纵等问题，通过高管特征可以进行调节和规避。影响因素和经济后果的研究从实证角度为我国企业环境信息披露质量提升的实现路径和政策建议提供依据。

1.4 概念与定义

1.4.1 环境信息

2003 年国家环境保护总局发布文件明确指出，企业必须公布的环境信息和自愿披露的环境信息，必须公布的环境信息包含环保战略、环保守法、环境管理、废弃物排放总量、环境污染治理、环境违法行为记录等，自愿披露的环境信息包括环境保护荣誉、资源消耗、污染物的排放强度、下一年度的环保目标等。

2010 年环境保护部公布的《上市公司环境信息披露指南》中将环境信息分为应当披露的环境信息和鼓励披露的环境信息两类。应当披露的信息包括：节能减排，环保清洁生产实施情况，造成重大影响的环境事件，在建项目的环境影响评价，污染物排放达标情况，"三废"的处理情况，重点监控企业每个季度公布一次环境监测情况，排污费的缴纳情况，企业环境风险管理体系等。鼓励披露的环境信息包括：高管的经营理念，企业环境保护的目标，员工环保培训，环境管理的组织结构和环境技术开发情况，环境奖励的情况等。

1.4.2 信息披露制度

信息披露制度又称为信息公开制度，是监管部门管理上市公司所在证券市场活动的重要制度（王从容和李宁，2009）。信息披露制度的出台致力于解决证券市场信息不对称问题，维护金融市场稳定，保护投资者的合法权益。最早的信息披露制度是英国发布于 19 世纪 40 年代的《合股公司法》，我国上市公司信息披露制度始于 20 世纪 90 年代国务院发布的《股票发行与交易管理暂行条例》。我国现行的信息披露制度由《中华人民共和国公司法》（以下简称《公司法》）和《中华人民共和国证券法》（以下简称《证券法》），证监会出台的相关行政法规、部门规章及规范性文件，证券交易所出台的自律性文件等构成。《公司法》和《证券法》是法律层面的根本大法，《上市公司信息披露管理办法》等行政法规由证监会出台，上海证券交易所和深圳证券交易所出台自律性文件，如《上海证券交易所股票上市规则》《上市公司与私募基金合作投资事项信息披露业务指引》《上市公司与专业投资机构合作投资》。

本书认为信息披露制度是指上市公司将公司财务经营等情况全面、及时、准确地予以公开，供市场理性地判断证券投资价值，以维护金融市场稳定、维持社会经济有序发展和维护股东及债权人的合法权益的监管手段和法律制度。

1.4.3 企业环境信息披露

企业环境信息披露，又称为企业环境信息公开，是一种全新的管理手段，一般是指负有环境信息披露义务的主体按一定的形式将环境管理、保护、改善、使用等方面的信息公之于众。污染类企业为了自身的利益，会刻意隐瞒政府和公众一些信息，而信息不对称不仅会损害公众的利益，更会对环境造成破坏。对于企业环境信息披露的定义，克鲁兹（Kreuze，1996）把环境信息披露的内容归纳为：环境法规；环境义务、责任、事故；环境事故的保险赔偿金额；环保策略；环保奖励；环保成本及其构成；节能降耗；废水废气废渣的处理回收；企业生产全过程对环境造成的影响等。1998 年"联合国会计和报告国际准则政府间专家工作组"会议上将环境信息披露的内容归纳为四项，分别是环保成本；环境负债；环境负债和成本的计量标准；环境损害赔偿等其他事项。黄茜（2014）认为，环境信息披露是公司向各利益相关者进行环境报告的环节，包含环境治理措施以及环保成效、环保投资情况、环境负债和环境成本等环境信息。

　　根据披露形式的差异，企业环境信息披露会出现在年报、社会责任报告、环境报告、说明书、重大事项公告和新闻媒体等渠道中。根据我国环境信息披露现状和已有学者对企业环境信息披露概念的界定，本书提出企业环境信息披露的概念，企业环境信息披露是企业自身根据政府政策要求，适应生态文明建设的时代背景，面向社会公众及媒体等第三方监管机构，在企业年报或社会责任报告中定期强制或自愿披露其生产经营中关于企业环境保护、环境污染排放、环境治理等信息，以及传递企业履行环境保护责任情况的重要方式。也是债权人、投资人、社会公众、银行等金融机构了解企业环境风险、生态文明建设的主要渠道。企业环境信息披露的实施有助于让公众充分地了解、监督和评价企业的污染排放和治理情况，及其造成的环境损失情况，使环保责任履行好的企业得到认可从而提高企业形象，环保责任履行差的企业被迫区别于好的企业，进而治污减排，加强环境保护方面的工作。

1.4.4　企业环境信息披露质量

　　企业环境信息披露质量是本书研究的重点，学术界尚未有一个明确的定义，目前，环境信息披露质量的研究主要着眼于评价原则和指标内容的选择。企业环境信息披露质量与环境信息披露是不同的，环境信息披露是过程，企业环境信息披露质量是对这个过程的评价。企业环境信息披露质量越高，信息使用者越能合理评估企业的环境风险，越了解企业的环保工作，进而作出正确的决策。

　　本书选取质量的管理学定义，即客体的一组固有特性满足要求的程度，提出企业环境信息披露质量概念。企业环境信息披露质量是对环境信息披露形式、披露内容以及披露程度的评价，披露形式是否多样化、易获取；披露内容的选取是否涵盖企业环境信息披露的真实性、显著性、详细性、全面性、平衡性等多个方面；披露程度是否有外部监督，包括政府、社会公众和社会组织的共同监管。企业环境信息披露质量的高低代表着企业环境信息披露水平的高低，质量越高，企业环保工作越完善，社会责任履行越好，对信息使用者的决策越有帮助。

第二章　相关理论基础与国内外文献综述

企业环境信息披露最早开始于环境会计领域的研究，环境会计信息披露是修正了的国民经济核算体系，将自然资源的使用加入评价体系中。同时，环境会计信息披露还要基于微观企业的环境信息披露行为，不仅是企业的利益相关人根据风险、企业生产经营活动、环保法规等衡量企业经营情况的依据，更重要的是可以测算企业在环境保护方面的成果，是企业投资决策中不可或缺的重要内容。

我国最早于 1999 年提出企业环境信息披露的探讨，对企业环境信息披露水平的研究已有二十多年的时间。早期的企业环境信息披露集中于不同行业上市公司的现状研究、理论构建，方法多采用问卷调查，实证研究也仅局限于截面数据。2008 年环境信息披露法律体系建成（邵瑞庆等，2010），对企业环境信息披露的研究开始明显增多，尤其是 2013 年，相关文献数量较多。通过中国知网 CNKI 检索，以"企业环境信息披露"为关键词的文章达 1349 篇，其中 1999 年 1 篇，2005 年 12 篇，2008 年 33 篇，2010 年 41 篇，2013 年 82 篇，2015 年 112 篇，2019 年 123 篇。整体上呈现递增趋势，尤其是 2015 年文献量首次破百，主要是由于 2015 年 1 月 1 日起实施的新《环保法》提出了企业环境信息披露的要求，强调污染企业要公开污染排放等信息。2015 年 12 月 21 日，港交所又修订了《ESG 报告指引》，我国上交所、深交所在环境信息披露方面也颁布了相应的通知或指引文件。但整体而言，我国学者对企业环境信息披露的研究深度较为不足，而国外学者对环境信息披露的研究早于国内，从强制性披露到自愿性披露，相比而言成果颇丰。本章首先回顾相关理论基础，然后梳理国内外关于企业环境信息披露的内容和方式、企业环境信息披露的影响因素、企业环境信息披露的经济后果和企业环境信息披露质量评估的文献研究，为本书后续研究提供理论基础和支撑。

2.1　相关理论基础

已有研究对于企业环境信息披露质量理论的适用性或它们在企业社会责任领域的具体重要性研究颇多，但没有达成普遍一致的意见（Doh and Guay，2006）。企业环境信息披露是一个复杂的现象，不能用单一的理论来解释（Cormier et al.，2005）。迪根等（Deegan et al.，2002）认为，这些理论是互补的，它们共同解释了企业社会责任信息的披露。

2.1.1　利益相关者理论

利益相关者的概念最早在 1963 年由斯坦福研究所（Stanford Research Institute）提出——"那些如果没有它们的支持企业组织将不复存在的群体"。弗里曼（Freeman，1984）提出企业可被理解为关联的利益相关者的集合，利益相关者为企业提供信息与资源，也可以影响企业的利益与合法性权力，企业的管理者需要管理与协调这个群体。当一个经济实质发生时，至少产生两方利益相关者的产生（Tagesson et al.，2013），怎样解决利益冲突就成了重中之重。因此，企业的环境责任必须满足利益相关者的需求，这是从企业组织的视角分析企业环境信息披露。企业的利益相关者包含任何与企业实现价值相关的人或组织，他们既分享企业的利润，也共同承担企业的风险。企业的生存需要利益相关者的支持，而且利益相关者越有影响力，企业就越会满足它（Ullmann，1985；Roberts，1992）。威尔姆赫斯特和弗罗斯特（Wilmshurst and Frost，2000）通过问卷调查研究澳大利亚 62 位污染行业的财务主管披露的信息与动机一致性问题，结果表明，强势利益相关者即股东的需求是管理层首先需要考虑的因素。

以重污染行业上市公司为例，将上市公司环境信息披露看作一个整体，其利益关系网涉及企业自身、上下游合作伙伴、消费者、社区、政府、第三方审计和社会公众等三层关系。以公司为中心，从公司内部来看，第一层关系涉及重污染行业上市公司股东、内部管理层和员工之间的利益竞争、策略选择等，通过健全有效的管理机制，吸引和培养优秀的员工，通过激励机制平衡管理层的收益，为股东赚取丰厚利润。从公司外部来看，第二层关系涉及消费者和供应商，企业创造优质产品，吸引他们，再将赚取的收益返还给股东，这是一个良性循环。同时，还有第三层关系，企业要接受来自舆论媒体、社会组织等对其环境责任履行情况的监督，这是企业对社会的回馈，是树立企业形象的一种方式。在上述多层次的关系中，重污染行业上市公司作为信息披露的主体，需要考虑的是如何权衡环境信息披露的内容，来尽可能满足利益相关者的利益诉求。如何平衡环境信息披露带来的成本增加和企业名誉的提高，如何平衡企业自身环境信息披露和竞争企业环境信息披露的内容以及带来的利益。通过利益相关者视角，将经济关系与人的价值判断相结合，来指导公司如何通过维持所有市场参与者的正当利益来使自身环境信息披露收益最大化，增加公司公开信息的积极性。以企业内部—企业外部—社会监督的思维串联利益相关者，符合企业发展的规律。

2.1.2　信号传递理论

在古典经济学理论中，信息的搜寻成本和交易成本为零，但在现实中，市场信息的不对称始终存在（Akerlof，1970）。因此，信号传递理论应运而生，其也是合法性理论的延伸。该理论假设企业所有者掌握了外界投资者不能得到的信息，投资者只能通过管理层传达出来的内部信息来判断企业价值，而传达什么信息，就是管理层自身的抉择。财务信息如此，环境信息亦如此。信号传递理论被广泛应用于劳动力市场、股票市场、财务市场等。求职者向不知情的雇主传递信息用以消除信息不对称带来的能力认知欠缺；股价被低估的企业有动机披露更多的信息来获得投资者的青睐等（Spence，1973）。利润宣告、股利宣告和融资宣告都是常见的财务讯号，比如拥有大量高质量投资机会的经理，可以通过股利政策或资本结构的组合向投资者传递信息，这是罗斯（Ross，1973）将信号传递理论应用到财务领域的研究发现。

斯彭斯（Spence，1973）研究的逻辑是无论企业环境绩效表现是好还是差，企业都倾向于完全信息披露，因为隐瞒只会使投资者产生防御心理并预想得更糟，完全信息披露至少可以将自身和那些环境绩效更糟的企业区分开，进而提升企业价值。但在现实经济活动中，我国证券市场发育并不成熟，政府没有强制要求企业披露哪些环境信息，以及披露的详细程度，在信息不对称的前提下，企业管理层和股东会选择性披露其认为有利于企业发展的环境信息，而投资方只能通过企业传达出来的信息来判断该企业是否具有环境责任，是否要继续追加投资。这就会导致逆向选择和道德风险问题。投资方考虑到企业会隐瞒不好的环境信息，就会着重寻找不可被复制的环境信息，因为环境保护工作做得较好的企业一定会披露一些不可被复制的环境信息，而这会严重影响市场运营。所以，如何从源头让上市公司披露真实有效的环境信息是有待解决的问题。

2.1.3 委托代理理论

委托代理理论认为人是以自我利益为中心的，也就是理性经济人假设，青睐于机会主义，因此所有者和管理者之间存在利益冲突，公司管理者有可能为了谋求自己的利益而牺牲股东权益（Ross，1973）。所谓代理问题，是因为委托人和代理人的目标不一致，当委托方和代理方发生冲突时，委托人难以观察和监督代理人的行为，信息不对称导致代理人做出有损委托人利益的行为（Berle and Means，1932）。代理人为了最大化自身的效用水平，追求自身利益最大化，带来了其损害委托人的机会，而委托人无法准确衡量其努力程度与经营成果之间的关系，进而表现为政治上的机会主义和经济上的道德风险与逆向选择问题（Grossman and Joseph，1976）。激励与约束是委托人制衡代理人可能出现的问题的方式，敦促代理人实现委托人的效益最大化，但是这同时也提高了交易成本。如何降低交易成本，是委托代理理论研究的目标，包括设计激励、监督、约束机制，研究风险分担，最优契约安排等（Jensen and Meckling，1976）。

以重污染行业上市公司为例，经营权和所有权相分离的模式会出现委托人（股东）和受托人（管理层）的经济责任关系。股东追求股东利益最大化，而管理层追求业绩，即管理层薪酬最大化，二者存在利益诉求不同带来的矛盾。必要的激励机制和监管机制在公司治理中是不可缺少的，股东给予管理层一定的股权激励，则可简化二者之间的矛盾。在上市公司环境信息披露中，股东既是管理层的委托人，也是审计机构的委托人。股东委托管理层出具企业社会责任报告，披露企业的环境信息报告，同时也委托会计师事务所等审计机构出具独立无保留意见的审计报告。这种双重委托代理关系在企业环境信息披露中就产生了，影响着企业环境信息披露的质量。

2.1.4　博弈理论

博弈论，又称为对策论，1928 年美国数学家冯·诺依曼证明了博弈论的基本原理，从而宣告了博弈论的正式诞生。1944 年，诺依曼和摩根斯坦构建了涵盖主体、要素和策略选择的博弈基本框架。同年，摩根斯坦（Morgenstern，1944）论述在完全信息下博弈理论可以解决经济实质中的利益冲突问题，将博弈论应用到经济领域。1950 ~ 1951 年，纳什（Nash，1954）开始研究非合作博弈，利用不动点定理证实了均衡点的存在，提出了纳什均衡，非合作博弈逐渐发展起来，博弈论实现了里程碑式的发展，如囚徒困境、重复博弈等。随后，加州大学伯克利分校的海萨尼（Harsanyi，1966）提出了不完全信息的博弈，即参与方的合作博弈，并成为首位获得诺贝尔经济学奖的博弈论专家。海萨尼研究参与方如何通过协议、承诺、信息共享甚至威胁来达到最优策略选择，扩展了纳什理论的应用范围。1967 ~ 1968 年，海萨尼（1982）又提出了"精炼贝叶斯纳什均衡"，将贝叶斯均衡点看作一个 n 重策略，那么每个局中人的策略均是对其他局中人的（n - 1）重策略的最佳应对。这一研究克服了局中人信息的复杂性，进一步拓展了博弈论的工具性作用。之后，泽尔腾（Selten，1980）对纳什均衡的不完善性进行了拓展，提出了两个著名的新概念：子博弈完美均衡点（1965）和颤抖手完美均衡点（1975），并扩展了博弈论的应用学科。综上所述,博弈论主要分为两个对策,两人有限零和对策和非零和对策。前者表示参与博弈的双方各自的决策构成了结果,一个人的得对应另一位的失,二者得失之和为零;后者最具代表性的是纳什均衡,参与博弈人数为 n,每人给出最优策略行为直到组成均衡点,所有人得到效用最大化或损失最小化。

不完全市场中存在信息不对称情况,带来逆向选择和道德风险等问题;利益相关者们利用自身的资源选择最优的策略,这就为多方博弈奠定了基础。上市公司作为企业环境信息披露的主体,占据着主导地位,掌握着大量的信息和披露的主动权;政府、竞争企业、第三方审计机构(社会组织)、社会大众作为利益相关者,分别有各自的职责和判断,且不能有效得到相关信息,这就导致了多方的策略博弈。

2.2 国外相关研究综述

2.2.1 企业环境信息披露的内容和方式

企业环境信息披露的范围和侧重点随着环境问题的深入发展在不断变化。在早期,韦斯曼(Wiseman,1982)建立的评价体系包括四个方面——经济、环境诉讼、污染整治和其他信息,这一时期主要侧重于污染后的整治问题。国外学者第一次在正式的政府间会议上提出环境信息披露问题是在 1989 年的国际会计和报告准则第七次会议上,此后,西方学者们陆续对环境信息披露问题进行了一系列研究。布尔和弗里德曼(Buhr and Freedman,1996)定义环境信息是依据联合国 1994 年出版的《公司环境报告》,分为管理类、排放类、综合类和法律成本类四种,此时的披露内容已经考虑到更多的方面。1998 年的《环境会计和报告的立场公告》指出环境负债、环境成本、会计政策和其他披露组成内容。随后,休斯等(Hughes et al.,2001)基于韦斯曼(Wiseman,1982)构建的体系,添加了环境递延税费指标。布尔(Buhr,2001)认为与公司生产经营相关的环境问题、责任划分也应披露在年报中。同时,环境风险也被考虑在内（Patten and Trompeter，2003）。随着环境信息披露内容的不断丰富，学术界将更多因素纳入指标内容来研究，如艾尔·图瓦伊尔（Al‐Tuwaijr et al.，2004）研究外部政府监管，即企业是否因违反10项联邦环境法律而被罚款。自主性环境行为的内容随着学者们对自愿性环境信息披露研究的深入而被加入。格思里（Guthrie，2008）针对临时突发的生产事故添加临时性公告，对公众披露直接和间接的生态损失。克拉克森等（Clarkson et al.，2008）为了呈现企业想改善环境的积极愿景，增加了环境战略、员工环境培训和环境管理系统等企业主动性行为。同时，为了直观地显示公司整体利润的变动，在环境责任报告中单独列出环境成本和费用（Cho and Patten，2013）。

企业过去往往仅在年报中披露环境责任信息（Wiseman，1982；Guthrie，2008），但乌尔曼等（Unerman et al.，2007）在随后的研究中发现，越来越多的企业开始采用多种途径披露环境信息，如公司网站、新闻媒体和环境报告。企业社会责任报告比年报披露更多的与利益相关者有关的社会和环境信息（Lu and Abeysekera，2017）。环境报告对于企业来说是必不可少的，因为环境报告通过环境问题的道德披露作为企业意识的指标，并且由于环境报告描述了企业的意识，因此环境报告对于企业来说变得非常重要（Sumiani et al.，2007）。从披露方式的多样化角度研究，可以在数据式与指标式的披露方式上加以文字、照片、图表等形式来丰富表达（Pan，2012）。

2.2.2 企业环境信息披露的影响因素

企业规模和年龄：一般来说，相对于规模较小的公司而言，规模较大的公司需要筹集更多的外部资金，因此为了获得投资者和金融机构的青睐，大公司有更多的主观能动力披露环境信息，以减少由于信息不对称带来的交易成本。而且，大公司的多元化经营和透明度容易受到公众的监督和观察。国内外大多数学者的实证研究发现，规模越大的公司越趋向于更高的自愿性环境信息披露水平（Eng and Mak，2003；Brammer and Pavelin，2006；Tagesson et al.，2009；Mousami et al.，2017）。而且，政府相关部门对大公司的监管更严，因而为了降低政治审查成本和监督压力，大公司会倾向于披露更加完善的环境信息（Cowen et al.，1987）；然而，也有学者持相反观点，认为公司规模对公司是否披露环境信息没有显著的影响（Katsuhiko and Eriko，2001）。对于公司年龄的研究中，尤斯拉（Yousra，2018）对埃及的45家上市公司进行研究发现，公司年龄与企业环境信息披露呈负相关关系。

企业性质和行业因素：大部分学者得出行业类型对环境信息披露有显著影响（Bayoud et al.，2012；Lu and Abeysekera，2015）。通过对中国上市公司2006~2008年环境信息披露数据的研究，得出环境敏感行业的企业更有可能披露环境信息（Zeng et al.，2012）。但是罗伊和高希（Roy and Ghosh，2011）对七个亚洲国家进行经济绩效和环境可持续的实践双向研究时得出，环境敏感型的企业和国有企业较少披露客观信息导致环境披露质量较差。有一种解释是市场化程度较高的地区会限制环境敏感型企业的发展，所以行业敏感型企业环境信息披露水平较低（Zeng et al.，2010）。

企业负债和盈利水平：企业负债是衡量企业金融的一个重要指标，所以研究的结论也不尽相同。一些研究认为当公司杠杆水平增加时，股东监控需求增加，导致公司增加披露水平（Ferguson et al.，2002；Andrikopoulos and Kriklani，2013；Clarkson et al.，2011）。另一些研究则认为公司不愿成为债权人关注的中心，所以得出二者存在显著的负相关关系（Eng and Mak，2003；Sembiring，2005）。也有研究表明二者之间不存在相关关系（Permana and Raharja，2012）。委托代理理论认为，公司杠杆是代理人为了提高自己的私人利益而选择的，并不会考虑股东的利益最大化，这由代理成本决定的，而代理成本源于潜在的利益冲突（Gray et al.，1995）。盈利能力被定义为企业经营资产的指标（Juhmani，2014）。基于代理理论，盈利能力被认为是满足股东需求的指标，特别是当ROE作为衡量公司绩效的盈利能力指标时（Soltani et al.，2015）。大部分学者认为公司盈利水平越高，公司的经营状况就越透明，因此公司的环境信息披露水平越高（Buhr，2001；George，2013）。但也有学者认为二者呈负相关关系，认为公司盈利水平越高越不愿意向公众披露环境信息，以避免被监督产生的盈利损失（Huang and Kung，2010；Kathyayi-ni et al.，2012）。还有学者发现盈利水平的高低对企业环境信息披露水平没有显著影响（Monteiro，2010）。

企业高管特征：企业高管特征包括高管人口及心理学特征（Lewis et al.，2014；Petrenko et al.，2016）、高管的动机和换届（Deckop et al.，2006；Meng et al.，2013）。已有研究表明，高管环境感知能力会影响企业环境保护责任的履行（Lee，2010）。企业董事会性别多样性对企业环境可持续性的影响不容忽视，相较于男性而言，有研究显示女性高管的参与会显著提高企业的环保意识（Liao et al.，2015），而且女性高管对社会上发生的环境剥削问题通常更敏感（Michelle and Poh，2017）。同时，女性董事也是一种有效的监督机制，可以降低代理成本，解决管理层和其他利益群体之间的冲突（Velte，2017）。刘易斯等（Lewis et al.，2014）研究企业 CEO 的 MBA 学历和法律学历对于自愿环境信息披露的态度区别，以二氧化碳排放项目为例，结论发现拥有 MBA 学历的执行董事更倾向于自愿环境信息披露。学者还研究发现高管政治关联对企业环境信息披露有正向效应，这在国有企业和环境规制较为严格的城市作用更明显，而且政治联系有助于企业获得政府有关环境保护的赠款、补贴和减税，以及执行政府环境政策（Zhang，2017）。但同时，政治关联也会带来企业某种程度的会计表现差问题，因为杠杆率过高会导致利润率的下降（Boubakri et al.，2008）。赵和汉布里克（Cho and Hambrick，2006）在 2006 年研究 35 家企业的战略变革发生的可能性，发现高管中有营销相关职业经历的成员会显著促进该变革。但也有研究指出企业的战略选择与高管团队背景特征之间不存在相关关系（Yokota and Mitsuhashi，2008）。

外部因素包括政府、非政府组织、消费者、监督者等的社会压力（Delmas and Toffel，2008），以及企业区位的地理因素、文化因素、种族差异等（Haniffa and Cooke，2005），还有政策法规的影响。布尔和弗里德曼（Buhr and Freedman，2001）比较了美国和加拿大的历史、地理、政治和法律环境，发现两国之间的差异影响人们对环境信息披露的态度。沙尤提（Shayuti，2018）研究公司文化对环境信息披露的影响得出，民族文化在一定程度上阻碍了社会责任报告中的环境披露，但公司治理可以减轻这种影响。还有学者研究媒体关注度，认为负面的媒体报道会提高企业环境信息披露水平（Clarkson et al.，2008）。政府管制是研究较多的外部因素之一，大型企业面临强大的监管压力并披露更多环境信息（Kim and Lyon，2011）；政府强制披露对于内部治理较差的企业可以为分析师提供更多的信息，但对于内部治理较好的企业没有影响，也就是说，强制披露等同于公司良好的内部治理（Cormier and Magnan，2014）。国家补贴对企业环境信息披露的影响集中在非国有企业而不是国有企业，尤其是通过非税收渠道而非税收渠道给予补贴时（Lee et al.，2017）。第三方审计专业化和四大会计师事务所的监管也会提高自愿性信息披露水平，提升上市公司的环境会计信息披露质量（Ahmadi and Bouri，2017）。

2.2.3　企业环境信息披露的后果

企业环境信息披露制度的发展带来的后果主要划分为两类，一类认为制度效果显著促进了经济活动，如改善企业环境绩效、提升企业声誉度、降低融资成本、降低监管成本等。弗罗斯特（Frost，2007）研究澳大利亚强制环境信息披露政策的实施效果，得出该政策显著提升了企业披露环境信息的数量与质量。艾斯纳（Eisner，2004）研究美国环境管理制度的变革，发现企业环境绩效得到了明显改善。企业环境信息披露质量的改善也有助于企业环境声誉的提高（Hasseldine et al.，2005）。政府还可以更好地保护公众的环境知情权，保障公众参与机制的实施（Wang et al.，2015）。也就是说，披露减少了利益相关者和高级管理人员之间的信息不对称，从而降低了公司操纵环境实践信息的能力，并限制了公司管理环境责任印象的能力（Hassan and Ibrahim，2012）。同时，还可以为公司降低潜在的监管成本（Patten and Trompeter，2003）。关于企业盈余管理方面，美国、中国、印度、日本等国家的数据研究表明，企业越是承担社会责任，真实盈余管理活动就越少，盈余质量较可靠（Hong and Andersen，2011）。

另一类则认为制度的发展带来的一些负面影响，如阻碍多样性、引发环境不公、虚增盈余管理等。科万和加登（Cowan and Gadenne，2005）

通过研究澳大利亚公司环境报告，发现并不是所有企业都能严格遵守披露制度，制度效果不显著。克劳福德和威廉姆斯（Crawford and Williams，2010）研究法国和美国企业环境信息披露的多样性问题，也得出了强制性的制度会阻碍多样性的结果。信息披露会引发环境不公问题，比如在美国高收入地区的毒物释放下降率较高（Kalnins and Dowell，2017）。同时，在一些特殊行业环境信息披露水平的提高会增加企业债务成本，如燃气、热力发电、水电企业（Fonseka et al.，2019）。也有学者发现盈余管理和企业环境信息披露的正相关关系（Grougiou et al.，2014；DiegiPrior，2008），操纵利润的银行管理层会加强他们的企业社会责任活动，而且高水平环境信息披露的公司往往倾向于虚增盈余（Patten and Trompeter，2003；Chih et al.，2008），但是盈余平滑和调减盈余的行为比较少。

2.2.4　企业环境信息披露质量评估

贝宾顿等（Bebbington et al.，2008）研究美国环境信息披露情况，得出社会和环境信息披露的范围在过去十年中有所上升。基姆等（Kim et al.，2012）分析了在向股东报告财务信息时，企业社会责任报告是否会产生负责任、透明和可靠的结果。尽管社会责任报告监管力度很大，但仍有研究人员发现，在年报中应用社会责任环境报告的公司，只是为了反驳对其业务运营的批评，或是为了转变其社会责任履行效果差的形象（Giles and Murphy，2016；Patten，1992；Tilling and Tilt，2010）。

吉尔等（Gill et al.，2010）根据亚洲公司治理协会（Asian Corporate Governance Association）2010 年的 CG 观察，亚洲的企业社会责任报告数量显著增加，占全球企业社会责任报告的 20% 以上。有 119 家中国企业使用全球报告倡议框架报告其可持续发展绩效，这大约占全球所有报告组织的 4%，亚洲企业社会责任报告呈上升趋势，但与国际标准还有所差异，透明度较低（Weber，2014）。在环境报告和环境绩效方面，中国日益增长的环境压力和对资源有效利用的需求导致人们的态度发生转变，从单纯的财务目标转变为综合环境风险的增长模式（Noronha，2013）。

对于中国近年来的企业环境信息披露质量情况，企业披露的信息大多容易获取，却很少披露隐性成本；披露方式各不相同，不同公司的信息披露不存在可比性；企业披露的环境会计信息容易忽视其他使用者的信息需求，导致环境会计信息披露不完整（Lu et al.，2020）。

2.3 国内相关研究综述

2.3.1 企业环境信息披露的内容和方式

国内学者对于企业环境信息披露内容的研究起步较晚，早期学者认为环境信息披露的内容应包括环境收益、环境成本、资源价值和环境利润（朱学义，1999）。随后环境支出、环境负债、环境对策方案、环境问题及其影响也被补充进披露报表（耿建新和焦若静，2002）。环境问题的影响主要是针对财务状况和经营后果，企业还应披露环境责任的履行情况（李挚萍，2003）。同时，外部法律环境、会计原则以及企业的环境管理目标也被研究应用在环境信息披露的内容中（李建发和肖华，2002）。学者还从披露内容的类型角度进行研究，得出定量披露会更加有效，包括环保税收减免、环保在建工程、环保投入和环境绩效信息等定量披露（胡曲应，2010）。随着国内外环境信息披露政策的不断更新，基于相关政策的披露内容研究也逐渐增多。舒利敏（2014）基于全球报告倡议组织的《可持续发展报告指南》将环境信息分成"硬披露"和"软披露"，"硬披露"是指客观具体且不易被模仿和冒充的信息，包括环境治理结构和管理系统、环境支出等；"软披露"是指容易被模仿的描述性信息，比如环保方针和自发环保行为。

一般来说，环境报告存在补充报告模式和独立报告模式两种，独立报告又可分为具体独立报告式和综合独立报告式（彭培鑫和杜峰，2011）。企业环境披露的信息主要从年报中获得，而越来越多的企业倾向于披露独立报告，但独立报告和年报不是相互补充的，而是相互促进的关系（沈洪涛等，2010）。一般来说，在环境会计不成熟的阶段，可编制单独的或非独立的环境绩效报告（邵毅平和高峰，2004）。林俐（2014）认为，环境责任报告应采用独立披露的形式。朱炜等（2019）以 2012～2016 年沪深两市重污染行业上市公司为样本进行研究，得出企业环境表现与定性披露呈负相关，与单独披露程度和定量披露呈正相关，因为定性披露难以核实，环境表现好的企业更愿意披露难以模仿和便于核实的环境信息。

2.3.2　企业环境信息披露的影响因素

企业环境信息披露的影响因素研究也是国内开始较早的方面，研究视角主要集中在内外部因素，内部因素包括企业特征、企业绩效、企业治理、高管特征、股权结构等；外部因素主要包括政府监管、机构监管、市场化进程、公共压力、政治关联、传统文化、环境规制、行业竞争属性等。

内部因素中代表企业特征的企业规模、盈利能力、运营能力、绩效、环境绩效与环境信息披露水平显著正相关，代表所有权结构的股权集中度、流通股比例与环境信息披露水平显著正相关（程隆云等，2011；汤亚丽等，2006；辛敏和王建明，2009；郑若娟，2013；吴红军，2014）。学者通过研究还得出公司治理中的股权特征、董事会特征、监事会特征和高管特征增强了制度对环境信息披露的促进作用（毕茜等，2012）。董秘任期越长，环境信息披露质量越高，企业的财务绩效对二者之间的关系具有显著的负向调节作用（蔡海静和金佳惠，2019）。女性高管的参与有利于提高企业环境信息披露水平，因此，女性高管所占比例越高，公司环境绩效越高（孟晓华等，2012；吴德军，2013）。定期发布环境责任报告也会提升企业环境信息披露质量（郑若娟，2013）。辛敏和王建明（2009）通过实证研究还得出，上市公司资本结构对环境信息披露水平无显著影响。但企业性质和行业性质会对环境信息披露产生影响，国有上市公司和重污染行业上市公司的环境信息披露水平高于非国有和非重污染行业上市公司（吴德军，2011；王建明，2008）。

外部因素中，外部治理水平越高，股权融资成本越低，企业环境信息披露质量越高，也就是政府环境监管力度、行业监管法律能力和媒体监督的提高，可以显著促进环境信息披露降低股权融资成本（叶陈刚等，2015）。进一步研究说明，外部主体对量化环境信息与股权融资成本关系的治理效果更为显著。沈洪涛和冯杰（2012）对 206 家重污染行业上市公司 2008~2009 年报进行实证分析，发现舆论监督和政府监管越高，企业环境信息披露水平越高。

2.3.3 企业环境信息披露的后果

国内学者对企业环境信息披露后果的研究多集中于资金成本、盈余管理和企业价值。企业环境信息披露质量与企业价值的关系研究中，一部分学者认为完善的企业环境信息披露使得企业在公众中产生良好印象，提升社会形象，预期现金流增加，从而提高企业社会价值，提高股票价值（邹立和汤亚莉，2006；张淑惠等，2011；阳秋林等，2013；游春晖，2014）；而且高质量的环境信息披露能够缓和环保投入与企业价值之间的"U"型关系（唐勇军和夏丽，2019）。另一部分学者研究得出，由于政府监管不力、环保法律法规的不完善、投资者环保意识不强，导致企业环境信息披露情况对企业价值影响不明显（蒋麟凤，2010；杨璐璐和苏巧玲，2013）。还有学者认为企业环境信息披露质量与企业股价之间没有直接相关关系，对股价的解释能力较弱（陈玉清和马丽丽，2005）。

企业环境信息披露质量与资金成本关系研究，其中资金成本包括权益资本成本和融资成本。对企业环境信息披露质量与权益融资成本的关系研究，采用沪市重污染行业上市公司为样本，得出二者之间呈显著负相关关系（袁洋，2014）。学者对能源产业、建筑业、采矿业以及制造业等 IPO 成功的企业研究发现，企业环境信息披露质量和融资成本也显著负相关（罗党论和王碧彤，2014）。同时，还有学者研究得出企业环境信息披露质量和环境绩效之间的正相关关系（吴红军，2014）。

企业环境信息披露质量和企业盈余管理关系的研究结果不相一致，有些学者认为环境信息披露制度可以起到约束盈余管理的作用，如陈玲芳（2015）以中国 A 股上市公司数据为样本，发现环境信息披露水平越高，应计盈余管理程度和真实盈余管理程度就越低。姚圣等（2016）研究发现，在 2008 年《环境信息公开办法》实施后，重污染上市公司的应计盈余管理程度越高时，会减少操纵环境信息披露。也有学者认为环境信息公开质量的提升会加深盈余操纵的程度，唐伟和李晓琼（2015）研究发现，企业高管会战略性地运用社会责任工具来加深企业盈余操纵的空间，因为社会责任的履行可以掩饰或转移公众对盈余管理的关注。

2.3.4　企业环境信息披露质量评估

无论是在数量上还是质量上，我国企业环境信息披露质量都与发达国家有着明显差距（陶小马和郑莉娜，2013）。耿建新和焦若静（2002）评估了沪市 A 股部分重污染行业环境信息披露质量，认为其不完整、缺乏相关的规范，且披露内容和格式差异较大。陈玉清和马丽丽（2005）研究电子通信行业 78 家上市公司的环境信息披露质量，也得出全部披露信息为定性的社会责任信息，缺少定量披露。杨有红和汪薇（2008）对 2006 年沪市企业内部控制信息披露质量进行评估，发现内控信息披露自愿性披露动机不足、缺少统一的标准。唐国平和李龙会（2011）对湖北省的上市公司进行研究发现，环境信息披露的数量虽然是增加的，但是整体质量是不乐观的。葛晨旭和田国双（2017）对 2015 年《中国上市公司环境责任信息披露评价报告》中的 20 家优秀企业进行环境信息披露质量评估，得出不同企业之间报告披露的情况差异很大，参考标准方面不具有横向可比性；第二产业企业的环境信息披露质量较好，金融类企业披露的水平较低；70% 的样本企业没有进行第三方验证，缺乏环境审计。

2.4　文献述评

从已有成果来看，国内外学者对于企业环境信息披露的影响因素和内涵研究较多，综合现状评价、经济后果、监督机制研究较少，存在以下三点不足。

一是现有研究多从已有的公司年报和社会责任报告中分析披露相关内容，缺乏从利益相关者的需求角度分析环境信息披露的内容。鉴于公司普遍缺乏有意义的利益相关者参与，大多数公司似乎已经不询问用户需要什么样的环境报告（Villiers et al.，2011）。因此，利益相关者没有根据自己的需要影响报告中提出的内容，这种做法损害了报告的感知相关性（Marquis and Toffel，2011）。尽管信息技术的进步能够使公司调整其环境报告以适应利益相关者的独特需求，但大多数公司未能利用其网络能力来实现这一目的（KPMG，2011；Radleyand GRI，2011）。研究显示大多数利益相关者希望环境信息被强制披露、审计、公布在年报和公司网站上，最重要的原因是他们希望通过环境信息披露来衡量公司的环境影响（Hamilton，2012）。现有企业环境信息披露质量评价中得出，现有的企业环境信息都是基于过去发生的事件，对未来环境影响的披露很少，缺乏预测价值（Pan，2012）。所以本书基于企业环境信息披露质量各利益相关者的需求，探讨企业环境信息披露质量综合评价体系的全面性和预测性。

二是现有企业环境信息披露的研究多是基于利益相关者理论、高阶理论、委托代理理论、信号传递理论等，缺乏博弈论为基础的问题研究。且少有的研究也集中于环境会计信息的披露，而不是更加综合的企业环境信息披露的质量，如本托等（Bento et al.，2009）研究公司的碳减排成本及其总体排放量，构建了仅针对环境会计信息的博弈模型。影响企业环境信息披露质量的各个利益相关者之间是多种博弈关系，企业高管和股东、企业和政府、企业和社会公众等都是基于博弈理论进行信息公开。因此，本书基于博弈论的理论基础，探讨重污染上市公司内外部各利益相关方的博弈策略选择，进而研究企业环境信息披露质量的提升路径。

三是现有研究多是对企业环境信息披露水平的披露内容和影响因素的分析，缺乏对企业环境信息披露质量的整体研究；已有研究对企业环境信息披露质量的现状评价也局限于有限年份和有限地域的时间特征分析，缺乏对我国全区域的时空演进特征分析。企业环境信息质量是一个综合的概念体系，不仅是对环境信息披露形式、披露内容的研究，更是对披露程度的评价，是否有外部监督，包括政府、社会公众和社会组织的共同监管。我国企业环境信息披露起步较晚，且缺乏监管机制和强制性披露政策，本书旨在全面研究企业环境信息披露质量，从综合评价模型（时空演进分析）到影响因素分析，再到经济后果研究，试图从一个更加全面的角度分析企业环境信息公开。

第三章 构建企业环境信息披露质量的概念模型

本节通过博弈论的相关理论来分析影响企业环境信息披露质量的各个利益相关方之间的关系，通过阐述企业股东、企业高管、政府各部门、社会公众、社会组织等主体之间的博弈来分析影响企业环境信息披露质量的因素，进而构建包含时空演进特征分析、影响因素分析和经济后果分析的企业环境信息披露质量的概念模型。

3.1 企业环境信息披露内外部各方博弈分析

博弈论研究决策主体的行为，决策主体为了达到自己的利益最大化，需要考虑对手可能作出的一切策略选择，并试图考虑对自己最有利或最合理的决策。因此，博弈局中人的一个重要假设为每个人都是"理性经济人"，即对每一个局中人来说，不存在侥幸心理，也不会因为他人的失误而扩大自己的收益（胡运权，1998）。

3.1.1 企业股东与高管的博弈

企业股东与高管是企业运营中最重要的两个角色，股东与高管的博弈也成为管理企业的重中之重，二者的博弈主要体现在两方面。一方面，高管要达到公司既定的预期发展目标，需要全面掌握公司的环境信息作为辅助决策依据，并定期向股东汇报工作，也要向消费者和整个市场传递相关的环境信息；另一方面，股东要考虑收益最大化，基于公司未来发展策略评估是否要披露负面环境信息，以及披露相关环境信息带来的价值。

企业高管与股东之间的博弈源于上市公司大多采取经营权和所有权分离的模式，高管拥有独立的决策权，所以公司是否披露环境信息，披露怎样的环境信息，高管拥有直接裁定权。股东为了约束高管并使其行为与股东利益一致，会采取激励机制，进而使得高管执行股东的意愿。上市公司的主体博弈关系建立在企业自治的基础上，在此基础上构建完全信息下的上市公司股东和高管之间的二阶段博弈模型。

1. 模型假设

假设1：股东和高管都符合"理性经济人"假设，股东基于股东利益最大化，有意隐瞒一些不利信息；高管基于薪酬绩效最大化，意愿是如实披露环境信息。

假设2：上市公司股东策略选择 ｛激励，不激励｝；高管的策略选择是 ｛听从，不听从｝。战略选择的不同，导致不同的信息披露结果。

2. 模型的构建和具体参数

A：高管能如实披露环境信息的既得利益；V：股东不激励高管而获得的价值；C：股东激励高管的激励成本；B：高管迎合股东获得的额外收益；D：高管听从股东，股东获得的收益；U：高管不听从股东而获得的效用。假定：U > 0，D > C。企业股东和高管的博弈树如图 3 - 1 所示。

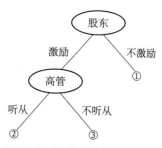

图 3 - 1 股东和高管的博弈树

资料来源：笔者整理而得。

3. 博弈分析

在企业股东和高管的博弈模型中可能出现的策略选择共有三个，分别是图 3 - 1 中的①－③。第一阶段股东可以选择激励高管或者不激励高管，而当股东选择了激励高管时，第二阶段高管也有两种策略选择，分别是股东对于环境信息披露的建议听从和不听从。策略①中，股东选择不进行激励政策，此时高管选择坚持自己的意愿，如实披露环境信息。股东的效用是 V，高管的效用是 A（披露）。策略②中，股东选择使用激励政策引导高管按照自身意愿披露环境信息，高管也选择听从股东的意愿。此时，股东的效用是 D - C，高管的效用是 A + B；策略③中，股东依然已经选择激励高管，但由于激励不足，高管选择不听从股东的建议，按照自身的意愿披露信息。此时，股东的效用是 - C，高管的效用是 A + U。

分析股东和高管的博弈模型可以得出，在高管决策结上分为两种情况：听从时，高管的效用是 A + B；不听从时，高管的效用是 A + U。一是 U > B，高管倾向于不听从于股东，高管因为股东的激励不足而选择坚持自我意愿，如实披露环境信息；二是 U < B，高管听从于股东，高管因股东的激励高于预期估计，选择服从股东意愿，不如实披露环境信息。

在股东决策结上也分两种情况：不激励时，股东的效用是 V；激励时又分为两种情况，高管听从于股东（U < B），股东的效用是 D - C，高管不听从于股东（U > B），股东激励无效，效用是 V。

综上所述，从股东角度分析，如果 D - C > V，即高管听从股东意愿给股东带来的效用大于不听从给股东带来的效用，股东的策略选择一定是激励，但要想激励成功，需要使得激励高于高管的预期估计，即 U < B。因此在不存在社会第三方干预的情况下，股东的激励一定会带来高管听从于股东虚假披露环境信息的结果。为了打破此均衡，使高管能不受股东激励的诱惑，如实披露环境信息，带给社会公众正确的环境责任信息，需要使高管如实披露环境信息的预期估计越来越高，即需要政府和社会公众等第三方进行干预，可通过政府的环保政策补贴、绿色奖赏，社会公众举报隐瞒的环境信息进而处罚企业等方式实现。高管作为企业环境信息披露的利益相关者之一，其特征变量对企业环境信息披露质量有重要影响作用，高管特征直接影响企业对环境责任履行的决策，因此通过企业股东与高管的博弈分析得出，高管特征影响企业环境信息披露质量。

3.1.2 企业与企业的博弈

在市场经济中，企业之间存在竞争关系，一般情况下规模较大、声誉较好的企业更能获得消费者的青睐。而在现实生活中，当两家企业的规模相当且效益相当时，消费者只能通过企业传递出来的信息来判断哪家企业更为优质。企业环境信息的披露就是相同规模企业之间博弈的筹码之一。在此基础上构建完全信息下的企业与企业之间的博弈模型。

1. 模型假设

假设1：两家企业都满足"理性经济人"假设，立足自身利益最大化，且企业之间信息是完全流动的。

假设2：两家企业规模、效益相当，两家企业真实披露环境信息的收益和成本一致，虚假披露环境信息的收益也一致。

假设3：两家企业的策略选择均是｛真实，虚假｝。

2. 模型构建和相关参数赋值

C：企业披露真实环境信息产生的成本；B：企业披露真实环境信息的收益；B^*：企业虚假披露环境信息的收益。其中，$B^* > B$。构建企业与企业间的两方博弈矩阵，如表3-1所示。

表3-1　　　　　　　　　**企业和企业两方博弈矩阵**

参与者		企业2	
		真实	虚假
企业1	真实	$B - C$, $B - C$	$B - C$, B^*
	虚假	B^*, $B - C$	B^*, B^*

资料来源：笔者整理而得。

3. 策略分析

企业1和企业2都可以选择真实或者虚假披露环境信息，因此两个企业之间可以得到四种策略组合：｛真实，真实｝，｛真实，虚假｝，｛虚假，真实｝，｛虚假，虚假｝。该博弈模型可以分为两种情况进行讨论：

情况1：企业1和企业2一开始都选择真实披露环境信息，此时双方都得到 $B - C$ 的收益。这种情况会一直持续下去，直到任意一方选择虚假、有所隐瞒地披露环境信息。此时平衡会被打破，因为虚假披露环境信息带来的收益 B^* 大于真实披露环境信息的收益 B，而且真实披露环境信息还会产生成本 C。此时真实披露环境信息的企业收益为 $B - C$，虚假披露环境信息的企业收益为 B^*，而 $B^* > B - C$。因此，由于企业之间信息是完全流动的，真实披露环境信息的企业也会转变为虚假披露环境信息。最终，双方都选择虚假披露环境信息。

情况2：企业1和企业2一开始都选择虚假披露环境信息，此时双方获得的收益均为最大收益 B^*，谁也不愿意改变策略，达到了纳什均衡。

综上可得，在没有任何外力干预的情况下，两个企业最终都会选择虚假披露环境信息成为唯一的纳什均衡，这也是我国早期环境信息披露的现状之一。因此，本书进一步分析加入政府监督的企业环境信息披露博弈情况，通过政府监督来规避两家企业都虚假披露的结果，研究政府监督的影响作用。同时，通过企业与企业的博弈模型可以得出，企业规模影响企业环境信息披露的质量，企业规模不同，会带来披露环境信息的收益和成本的不同，进而影响企业进行环境信息披露的决策不同。

3.1.3　企业与政府相关部门的博弈

随着资源的不断枯竭和环境的恶化，政府相关部门和企业都从自身的角度意识到环境保护的重要性。但企业和政府相关部门的目标并不一致，企业追求利益最大化，而政府相关部门承担着整个社会的可持续发展责任。面对频发的环境事件，实证研究表明，在事故调查、处理、响应和处置阶段，信息披露的程度决定了环境突发事件的质量和结果（Tang et al.，2013）。所以政府相关部门在企业环境信息披露过程中的指导和督促作用也尤为重要。政府相关部门作为企业环境信息披露政策的制定者，通过一系列环保机制来督促企业在保护环境的基础上进行合法经营，同时根据企业定期披露的环境信息内容来调整相关政策法规，不断完善政策层面的环保支持。政府相关部门颁布一系列法规制度，是一种直接的压力，影响较大。

同时，政府相关部门又担任着审计方与委托人的双重身份，审计身份是指其审计部门有责任向社会公众说明其社会责任履行情况，因为政府是公共资源的管理者；委托身份是指政府也是环境审计的名义委托人，因此其审计主体的独立性较弱。但毋庸置疑，政府审计部门相比其他审计方更有影响力和执行力，便于推进工作展开。政府环境审计的成本主要由三项构成：一是培养和招聘专业人才成本；二是在严查时所耗费的人力、物力、财力等资源成本；三是未能察觉出重大错误的风险成本。在此基础上构建上市公司与政府等部门之间的博弈模型。

1. 模型假设

假设1：企业与政府相关部门满足"理性经济人"假设，企业立足自身利益最大化，政府相关部门考虑全社会的综合收益最大化。

假设2：企业独立经营，不存在利用高管等政治关联谋取便利；政府相关部门也公正客观监督，不存在地方保护主义等。

假设3：企业的策略选择是｛真实，虚假｝，政府相关部门的策略选择是｛严查，松懈｝。

假设4：企业不能真实披露环境信息时，政府相关部门只要严查就一定可以查出，此时不存在是否曝光的情况；企业不能真实披露环境信息时，政府相关部门如果松懈审查，在一定概率下会曝光问题。如若曝光问题，政企两群体的收益是关于该概率的期望函数，如若未发现问题，政府相关部门不会因为监管缺位受到惩罚，企业也不会因为没有如实披露环境信息而受到政府处罚、名誉损失和投资减少等。

2. 模型构建和相关参数赋值

企业和政府相关部门两方博弈模型的具体参数说明如表3-2所示，企业和政府相关部门两方博弈矩阵如表3-3所示。

表3-2　　　　　　　　　　企业和政府两方博弈参数说明

参数	说明
C_c	企业真实披露环境信息的成本
C_g	政府严查企业的成本
R_c	企业正常运转的收益
R_g	政府查到企业虚假披露环境信息获得的额外收益
R_s	企业披露真实环境信息获得的额外收益
F_c	企业被政府监督审查发现虚假披露环境信息的惩罚
F_g	政府监管缺位，企业虚假披露环境信息被曝光后受到的损失
p	企业真实披露环境信息的概率，$0 \leqslant p \leqslant 1$
q	政府严查的概率，$0 \leqslant q \leqslant 1$
f	企业虚假披露环境信息被曝光的概率，$0 \leqslant f \leqslant 1$

资料来源：笔者整理而得。

表3-3		企业和政府两方博弈矩阵	
参与者		政府	
		严查（q）	松懈（1-q）
企业	真实（p）	$R_c + R_s - C_c$，$-C_g$	$R_c + R_s - C_c$，0
	虚假（1-p）	$R_c - F_c$，$R_g - C_g$	$R_c - fF_c$，$-fF_g$

资料来源：笔者整理而得。

3. 策略分析

根据表3-3企业和政府的博弈矩阵，求解混合策略下的纳什均衡。假设 N 为企业的期望函数，N^*政府的期望函数，构建函数模型如下：

$$N = -pC_g + (1-p)(R_g - C_g) + (1-p)fF_g \tag{3-1}$$

$$N^* = q(R_c + R_s - C_c) + (1-q)(R_c + R_s - C_c)$$
$$- q(R_c - F_c) - (1-q)(R_c - fF_c) \tag{3-2}$$

求企业和政府的期望函数最大化，分别对 N 和 N^* 进行一阶偏导，计算如下：

$$\frac{\partial N}{\partial p} = 0 \tag{3-3}$$

$$\frac{\partial N^*}{\partial q} = 0 \tag{3-4}$$

由上式（3-3）（3-4）求得纳什均衡：

$$1 - p^* = \frac{C_g}{R_g + fF_g} \tag{3-5}$$

$$q^* = \frac{C_c - R_s - fF_c}{(1-f)F_c} \tag{3-6}$$

分析企业和政府部门之间的两方博弈得出，企业虚假披露环境信息的概率为 $C_g/(R_g + fF_g)$，政府部门严格审查的概率为 $(C_c - R_s - fF_c)/[(1-f)F_c]$。为了使企业披露虚假信息的概率 1-p 降低，需要降低政府严查企业的成本（C_g），并且提高政府查到企业虚假披露环境信息获得的额外收益（R_g）和政府监管缺位、企业虚假披露环境信息被曝光后受到的损失（F_g）。R_g 也就是企业披露虚假信息被审查出来支付给政府的罚金。同时，为了提高政府部门严格审查的概率 q，需要提高企业虚假披露环境信息被曝光的概率（f）。

综上所述，为了使政府各部门加强对企业是否真实披露环境信息进行监察，应降低政府严查企业的成本，即通过培训政府职员的相关专业知识，改进相关设备，加强宣传促使企业积极配合等实现。同时在政府发布的相关政策指引上加大对企业瞒报环境信息的惩罚力度，进而减少企业不能真实客观披露环境信息的情况，提高企业环境信息披露的质量。此外，需要鼓励舆论媒体、社会公众等第三方曝光企业虚假披露环境信息的行为，不仅促使企业真实客观地披露，也在一定程度上给予政府各部门严查的压力。通过企业与政府等部门的博弈分析得出，政府对企业环境信息披露质量有重要影响作用，其中政府政策引导企业积极履行环境责任，同时惩罚条例也监督企业客观真实地披露环境信息，政策推动了企业环境信息披露质量的提高。

3.1.4　企业与社会公众的博弈

社会公众作为独立于公司和政府的第三方，既是企业的服务对象，也是社会的主人公。公众在享受企业生产带来的服务的同时，也要平衡企业生产可能对环境带来的损害对于全社会所造成的不可逆影响。社会公众会意识到企业的环保行为关系到自身的利益，所以会要求企业披露环境信息。而企业也想在社会公众中树立良好形象，因此倾向于披露好的信息或是经过修饰的环境信息。所以社会公众作为企业环境信息披露的参与者也影响着企业的策略选择，在此基础上构建企业与社会公众的博弈模型。

1. 模型的假设

假设1：企业和社会公众都是"理性经济人"，他们在博弈策略选择中会从自身利益出发。

假设2：有关利益事件的所有风险信息最初由企业收集并由其拥有。公众所获得的信息只是企业拥有信息的子集，公众意识到企业拥有更多的风险环境信息，因此，只能通过第三方机构来搜索风险环境信息。

假设3：企业的策略选择是｛真实，虚假｝，社会公众的策略选择是｛相信，质疑｝。

2. 模型的构建与具体参数

C：企业披露真实环境信息产生的成本；P：企业披露真实环境信息且社会公众选择相信，企业获得的收益；Q：企业披露真实环境信息且社会公众选择质疑，企业失去的收益；U：企业披露虚假信息或有所保留不利信息且诱导社会公众相信，企业获得的额外效用；u：企业披露虚假信息且社会公众质疑，企业获得的额外效用；I：企业披露虚假信息且社会公众选择相信时，企业面临的潜在损失；A：社会公众相信企业给企业带来的增值部分；S：社会公众相信企业的虚假披露带给自身的损失。其中，P＞Q，U＞u。构建企业和社会公众的博弈矩阵，如表3－4所示。

表3－4 企业和社会公众的博弈矩阵

参与者		社会公众	
		相信	质疑
企业	真实	P－C，A	Q－C，0
	虚假	U－I，A－S	u，0

资料来源：笔者整理而得。

3. 策略分析

根据矩阵我们可以分析三种情况：

P－C＜U－I，Q－C＜u，且A＞S。企业和社会公众的最优策略是（U－I，A－S），即企业有保留地披露信息，隐瞒不利信息；公众选择相信。

P－C＜U－I，Q－C＜u，且A＜S。企业和社会公众的最优策略是（u，0），即企业还是披露虚假信息，但公众也选择质疑企业。

P－C＞U－I，Q－C＞u，无论A＞S还是A＜S。企业和社会公众的最优策略都是（P－C，A），即企业选择毫无保留披露真实环境信息，社会公众也相信企业披露的信息。

综上所述，在企业和社会公众的两方博弈模型中，为了使企业披露真实环境信息，需要使得P－C＞U－I，Q－C＞u，即企业披露真实环境信息所获收益大于披露虚假信息获得的额外效用，可以通过降低企业披露真实信息的成本C和增加企业披露虚假信息的惩罚I来实现。通过企业与社会公众的博弈模型得出，社会公众对企业环境信息披露质量有重要影响作用，社会公众既是环境信息的使用者又是监督者，代表社会这一利益主体对企业环境信息披露质量起到有效的监督作用。

3.1.5　企业、政府与社会组织的博弈

企业环境信息披露质量的各个利益相关者之间的博弈往往是交叉产生，错综复杂的，上述两方博弈模型的假设是人为设定的，而在现实生活中，上述单一的博弈制衡往往是不存在的，企业环境信息披露质量的博弈方有很多个，他们相互制衡影响着企业环境信息披露质量。

政府审查是我国当前条件下最合适的审计主体。但随着环境审计的推进发展，可以看到仅仅由政府审计不足以支撑环境审计的需求。理想状态下的环境监督应是多元化的，社会组织代表第三方审计机构以及所有对企业环境信息披露质量有监督作用的非政府组织。基于此，本书选择企业、政府和社会组织这三个主体来分析企业环境信息披露质量的三方博弈情况。在复杂的社会环境和相互制衡的利益关系中，企业内外部的三方博弈模型更能体现出真实的环境信息披露境况。

1. 模型假设

假设1：博弈参与各方都是"理性经济人"，企业、政府和社会组织都能理性判断利益得失，并为自身利益考量。

假设2：企业的策略选择是｛真实，虚假｝，政府的策略选择是｛严查，松懈｝，社会组织的监督结果是｛发现，未发现｝。

假设3：博弈各参与方的参与顺序是企业先披露环境信息，然后政府进行审查，最后由社会组织进行审计。审计报告是企业社会责任报告中不可缺少的一部分，所以即使企业真实披露环境信息，也还是需要支付社会组织来进行审计的。

假设4：企业不能真实披露环境信息时，政府只要严查就一定可以查出；企业不能真实披露环境信息时，政府如果松懈审查，社会组织公正监督发现问题的概率是t。如若发现问题，此时政企两群体会受到损失；如若未发现问题，政府不会因为监管缺位受到惩罚，企业也不会因为没有如实披露环境信息而受到政府处罚、名誉损失和投资减少等，但这需

要企业与社会组织合谋得到。

假设 5：企业真实披露环境信息时不需要与社会组织合谋；政府如果严查，企业和社会组织也不存在合谋。所以合谋的产生仅仅发生于企业虚假披露环境信息且政府松懈审查的前提下。

2. 模型的构建与具体参数

企业、政府和社会组织的三方博弈模型具体参数说明如表 3 – 5 所示，构建企业、政府和社会组织的三方博弈树，如图 3 – 2 所示。

表 3 – 5 参数与说明

参数	说明
C_c	企业真实披露环境信息的成本
C_g	政府严查企业的成本
R_c	企业正常运转的收益
R_g	政府查到企业虚假披露环境信息获得的额外收益
R_s	企业披露真实环境信息获得的额外收益
R_a	社会组织的正常审计收益
F_c	企业被政府、社会组织监督审查发现虚假披露环境信息的惩罚
F_g	政府监管缺位，企业虚假披露环境信息被曝光后受到的损失
F_a	企业虚假披露环境信息被曝光后，社会组织的损失
B	企业虚假披露环境信息与社会组织合谋带给社会组织的额外收益
p	企业真实披露环境信息的概率，$0 \leq p \leq 1$
q	政府严查的概率，$0 \leq q \leq 1$
t	社会组织能审查出来问题的概率，$0 \leq t \leq 1$
f	被曝光的概率，$0 \leq f \leq 1$

资料来源：笔者整理而得。

3. 策略分析

企业、政府与社会组织的三方博弈树有①—⑤这 5 种策略组合结果，分别是 |真实，严查，公正|，|真实，松懈，公正|，|虚假，严查，公正|，|虚假，松懈，公正|，|虚假，松懈，合谋|。5 种策略组合的函数为 $\{R_c + R_s - C_c - R_a, -C_g, R_a\}$，$\{R_c + R_s - C_c - R_a, 0, R_a\}$，$\{R_c - F_c -$

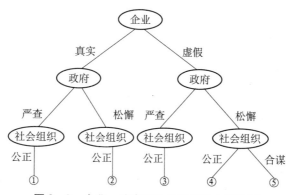

图 3 - 2　企业、政府和社会组织三方博弈树

资料来源：笔者整理而得。

R_a，$R_g - C_g$，R_a}，{$R_c - tF_c - R_a$，$- tF_g$，R_a}，{$R_c - fF_c - R_a - B$，$- fF_g$，$R_a + B - fF_a$}。分析如下：

策略组合①是 {$R_c + R_s - C_c - R_a$，$- C_g$，R_a}，即企业真实披露环境信息且政府严格审查，那么社会组织公正审计，未发现任何披露问题。

策略组合②是 {$R_c + R_s - C_c - R_a$，0，R_a}，即企业真实披露环境信息，但政府松懈审查，此时企业不会贿赂社会组织以求合谋，所以社会组织公正审计，未发现任何披露问题。

策略组合③是 {$R_c - F_c - R_a$，$R_g - C_g$，R_a}，即企业虚假披露环境信息，但政府严格审查，只要政府严查就一定能查出问题，所以此时的社会组织不会接受企业的贿赂，公正监督也会发现问题。

策略组合④是 {$R_c - tF_c - R_a$，$- tF_g$，R_a}，即企业虚假披露环境信息，且政府松懈审查，企业没有选择贿赂社会组织，社会组织公正审查发现问题的概率是 t，所以企业和政府声誉受损的损失分别为 tF_c 和 tF_g。

策略组合⑤是 {$R_c - fF_c - R_a - B$，$- fF_g$，$R_a + B - fF_a$}，即企业虚假披露环境信息，且政府松懈审查，但企业选择与社会组织合谋。此时企业需要支付给社会组织一笔额外的合谋费用（B）。但环境问题依然有被媒体或其他社会公众曝光的可能，概率为 f，所以企业、政府和社会组织可能受到的损失分别为 fF_c、fF_g 和 fF_a。

综上所述，为了促使企业真实披露环境信息，需要使得 $R_s - C_c > - F_c$，也就是不断提高企业披露真实环境信息获得的额外收益（R_s）和提高企业被政府、社会组织监督审查发现虚假披露环境信息的惩罚（F_c）。为了促使企业和社会组织不发生合谋，需要使得 $B - fF_a < 0$，$B + fF_c > tF_c$，也就是 $(t-f)F_c < B < fF_a$。可以通过提高环境问题的曝光率（f）以及社会组织与企业合谋被曝光后受到的损失（F_a）来实现。

通过对上述企业高管与股东、企业与企业、企业与政府、企业与社会公众和企业、政府与社会组织这五种博弈模型分析可知，引入奖励、惩罚机制可以使得各利益相关者和企业利益一致。企业股东引入激励机制，可以促使高管按照股东意愿披露环境信息；政府引入奖励和惩罚机制，可以监督企业履行环境责任，打破相同竞争企业间共同披露虚假信息的策略；社会公众及组织引入奖励机制，可以增加虚假披露环境信息企业的曝光率。企业、政府和社会在环境信息披露的过程中相互激励、相互制约，共同影响企业环境信息披露质量。从博弈模型中也可以看出，模型机制还没有完善，企业也没有很好地履行环境责任，因此如何提高企业环境信息披露质量需要通过研究企业、政府和社会等利益相关主体来实现。

3.2　企业环境信息披露质量的概念模型

影响企业环境信息披露质量的各利益相关方包括企业、政府、社会公众及组织等。其中企业又分为本企业和竞争企业，企业与企业之间的信息披露质量都会对彼此造成一定程度的融资影响或者声誉影响；企业内部又有高管和股东之间的博弈；政府政策的激励与惩罚指引着企业环境信息公开的方向；社会公众及组织的监督压力也会对企业环境信息披露质量产生重要影响。各主体因利益诉求的不同而形成了其之间对于环境信息披露的博弈。因此，本书基于企业环境信息披露质量的概念和相关理论，通过综合评估（时空演进特征分析）、影响因素分析和经济后果分析三个方面，构建了企业环境信息披露质量影响的概念模型，模型的分析如下。

1. 时空演进分析

为了研究如何提高企业环境信息披露质量，本书首先对企业环境信息披露质量进行综合评估。借鉴国内外机构及研究学者对企业环境信息披露质量的评价方法、原则和指标体系，从披露形式、披露内容和披露程度三个角度出发，选取 6 项一级指标 16 项二级指标作为企业环境信息披露质量评价指标体系。然后通过该综合评估体系分析 2008～2018 年的企业环境信息披露质量时空演进特征，从时间和空间两方面分析我国上市公司环境信息披露质量的现状和变化特征。

首先，从时间角度分析，重污染行业上市公司的环境信息披露质量会因其技术、管理和策略等方面水平的变化而改变，也会因政府在不同年份出台的不同环境信息公开政策而发生变化，所以有必要对重污染行业上市公司不同时间段的企业环境信息披露质量进行对比，进而对不同时间段的各个指标随时间变化的趋势和规律进行研究；其次，从空间角度分析，我国地域辽阔，根据经济水平发展的不同分为东、中、西部，根据地理位置的不同又分为华北、华东、华中、华南、西北、东北、西南地区，企业环境信息披露质量在空间上表现为不同地区随时间演进而改变的信息公开水平，进而有必要对企业环境信息披露质量在七大地理分区以及 31 个省份空间上的变化情况进行研究。时空演进特征分析为后续进一步研究如何提高企业环境信息披露质量提供了基础现状的了解。

2. 影响因素分析

（1）政府。从企业与政府的博弈模型可以得出，政府起到了监督企业提高环境信息披露质量的作用。政府发布的环境信息公开政策引导企业规范信息披露的内容和方式，并明确了企业瞒报环境信息的惩罚措施。政府颁布的政策一方面正向督促目标企业履行社会责任、贯彻环境保护方针；另一方面严惩虚假披露环境信息的企业，责令整改，进而降低企业瞒报环境信息的情况，促进企业环境信息披露质量的提高。通过这部分的实证分析，为后续政府颁布强制性企业环境信息披露政策提供依据。

（2）企业内部因素。从企业高管与股东间的博弈模型可以得出，高管特征和第一大股东的股权集中度对企业环境信息披露质量产生重要影响。其中高管受教育程度、高管任期和两职合一影响着高管的策略判断能力，而股权集中度越高的企业，在选择披露环境信息的决策中股东的激励作用则越大；从企业与企业的博弈模型可以得出，企业特征包括企业规模、收益、企业性质等，对企业的环境信息披露行为也有影响。博弈模型中假设两个企业规模相当，如果企业规模不一致，规模大的企业拥有更多的人力、物力、财力等资本，会通过披露详细且真实的环境信息来传递给消费者他们是行业优质企业，进而帮助消费者进行选择，因而规模小的企业为了抢夺市场份额、提高自身声誉，也会倾向于披露真实环境信息；国有企业的性质决定了其拥有优于民营企业的资源，因此国有企业环境信息披露质量的提高也会变向推动民营企业乃至整个行业的企业环境信息披露质量。通过这部分的实证分析，为后续提出加强企业内部环境责任管理建议提供依据。

（3）社会压力。从企业与社会公众和企业、政府与社会组织的博弈模型可以得出，社会的监督带来的社会压力是影响企业环境信息披露质量的重要外部因素。可以通过提高企业被政府、社会组织监督审查发现虚假披露环境信息的惩罚，以及提高环境问题的曝光率以及审计机构与企业合谋被曝光后受到的损失来实现。通过此部分的实证分析，为后续提出强化社会监督（社会公众、社会组织）政策建议提供依据。

综上所述，本书从政府政策、企业内部因素和社会压力三个角度对我国企业环境信息披露质量的影响因素进行分析。首先，我国推进信息公开、实现绿色生态发展的主要方式是发布相关政策法规，通过政策推进上市公司环境信息公开的发展。随着环境信息披露制度的不断发展，政策法规带给企业环境信息披露质量的提升效果是否显著，本书运用政策效果评估工具 DID 双重差分法来分别检验 2010 年的《上市公司环境信息披露指南》和 2015 年实施的新《环保法》政策法规对企业环境信息披露质量的"净效应"，选取沪、深两市 A 股重污染行业上市公司为原始样本，筛选其中属于重点排污单位名录内的上市公司样本作为政策干预的处理组，其余非重点排污单位的样本作为控制组。其次，本书从公司特征和公司治理两大内部影响因素进行分析，涵盖公司规模、高管受教育程度、高管任期、两职合一、股权集中度和所有权性质这六个变量。最后，研究外部社会压力对企业环境信息披露质量的影响作用。通过对政府政策、企业内部影响因素和外部社会压力的研究，可以为提高企业环境信息披露质量提出有针对性的优化措施。

3. 经济后果分析

前面分析了企业环境信息披露质量的时空演进特征、企业环境信息披露质量的影响因素，紧接着分析企业环境信息披露质量带来的经济后果。大多数学者研究的是企业环境信息披露质量的提高带来正向经济后果，如改善企业环境绩效、提升企业价值、降低融资成本等，且研究结果较为一致。本书着眼于研究较少、结论不相一致的真实盈余管理。从企业与企业、企业高管与股东的博弈模型可以得出，企业内部管理层的决策决定了企业会计披露的内容，真实盈余管理即为内部管理的重要部分，而环境信息披露可以为公司降低潜在的监管成本，因而高管特征对企业环境信息披露质量和真实盈余管理之间的关系起到重要影响作用，管理者会遵循利益最大化原则选择在高质量信息披露情况下虚增盈余，但高管薪酬的增加和高管规模的增加会弱化管理层虚增盈余的行为。因此，本书研究企业环境信息披露质量与企业真实盈余管理之间的关系，并进一步将高管特征作为调节变量，深入研究其对企业环境信息披露质量和企业真实盈余管理关系的影响作用。通过此部分的实证分析，为后续提出完善会计政策，利用高管特征规避盈余管理的建议提供依据。

基于上述企业高管与股东、企业与企业、企业与政府、企业与社会、公众和企业、政府与社会组织的博弈模型分析，构建企业环境信息披露质量的概念模型，如图 3-3 所示。

图 3-3　企业环境信息披露质量的概念模型

资料来源：笔者整理而得。

第四章 企业环境信息披露质量综合评估

4.1 企业环境信息披露质量的评估方法

企业环境信息披露质量的评估主要从披露内容涉及的方面、内容的详尽程度来衡量。环境信息的内容主要来自年报和社会责任报告，有些学者根据年报中披露的语句长短、语句字数、是否有数量型描述等来衡量（Unerman，2000）。已有研究针对如何评估企业环境信息披露的质量，经过了从简单到复杂，从主观到客观的演进过程，最开始主要集中于声誉评分法和社会责任评分法，然而随着研究的不断加深，指标分类法和内容分析法被广泛应用。

第一，声誉评分法是很多经济问题研究初期应用较多的方法。打分的基础来源于问卷调查，研究者根据自己的研究方向设计调查问卷，获得利益相关者对企业环境信息披露方面的评价，通过简单加总得到企业的声誉分值。但这里的调查对象主要是社会公众，研究者很难得到股东、管理者、银行等其他利益相关者的评价，且问卷调查的弊端是很难满足随机性原则，而且问卷质量和回收率比较难保证，填写问卷中出现的误差也不易矫正，所以这种方法在相关研究中逐渐被学者放弃。

第二，社会责任评分法主要采用专门的权威评级机构发布的指数进行衡量。社会责任指数包含了经济指数、文化指数、环保指数、慈善指数、员工福利指数、社区指数等多个方面，在具体应用中有和讯财经的社会责任报告指数和润灵环球（RKS）的社会责任评级指数。但环保指数只是社会责任指数中的一方面，虽然社会责任指数涵盖了环境信息披露，但并不是特别准确，可能会造成研究结果的误差。

还有学者根据相关指标构建社会责任指数来进行研究，如复旦大学环境经济研究中心下设的企业环境信息披露指数研究小组专门分析形成的企业环境信息披露指数报告，该报告是在对上海证券交易所旗下 14 个重污染行业的 172 家上市公司通过官方渠道公开和披露的环境相关信息和数据进行全面整理和分析的基础上所形成的。该报告的不足之处在于样本量仅为上海证券交易所的企业，而且从 2016 年才开始发布，对于早期重污染行业企业的环境信息披露情况缺乏数据支撑。

第三，指标分类法也是学者在研究企业环境信息披露中应用较多的方法。主要是对企业环境信息披露的指标进行大类、小类的划分，先划分成几大类，再进一步将大类细分为小类，针对每一个小类寻找相应的描述并进行打分，最后将所有小类的分值进行加总得到企业环境信息披露指数。

第四，内容分析法（content analysis）是目前研究中学者应用比较广泛的评价方法，最能真实地评价企业环境信息披露质量（Wiseman，1982；Bewley and Li，2000；Cormier and Gordon，2001；Beck et al.，2010）。阿伯特和蒙森（Abbott and Monsen，1979）界定了内容分析法的具体含义，它是一项专门收集数据的技术，这些数据包含以事件、新闻等方式承载的非量化的内容，据此对其进行分类计算出对应的定量指标。内容分析法主要是通过企业发布的年报、社会责任报告、环境报告等资料中搜索与环境、环保相关的字句，根据披露的字数多少、是否有具体数值来衡量企业环境信息披露的质量，词句数量多的质量更高，定量描述比定性描述质量高。然后，将定性描述和定量描述分别赋予不同的分值，最终加总得到企业环境信息披露的总分。贝克等（Beck et al.，2010）对内容分析法进行了拓展研究，通过对环境叙述采用矩阵方法，在分析披露时可以考虑多种信息特征，进而对文献内容与程度按一定的标准进行客观、系统、量化分析。

学者们对具体的打分标准持有各自的意见，韦斯曼（Wiseman，1982）将研究内容分为四大方面、十八个分类，赋值范围为 0 ~ 3 分。帕滕（Patten，1991）也是基于韦斯曼的指标进行赋值。赵和帕滕（Cho and Patten，2007）认为信息披露的内容涉及财务类信息时应打 3 分，具体的非财务类信息打 2 分，一般非财务信息打 1 分，未披露打 0 分。格雷等（Gray et al.，2001）以及布尔和弗里德曼（Buhr and Freedman，

2001）则将赋值分为两个维度，分别是关注披露水平和内容的丰富度，采用1~5五级连续打分法。

通过对现有企业环境信息披露质量的评价方法对比可以看出，声誉评分法和社会责任评分法不是测度企业环境信息披露质量的最优方法，随着国内外学者对信息披露研究的加深，指标分类法和内容分析法已然成为评价的主流方法。不但将客观文献内容按一定标准解读，解决了文本描述无法量化的问题，还进行大类小类的指标分解，解决了无法全面、系统覆盖披露内容的问题。

4.2　企业环境信息披露质量的评估原则

1996年，美国证券委员会（SEC）发布了"核心准则"，将充分披露、透明度和可比性作为信息披露质量的基本原则。1998年，巴塞尔银行监管委员会（Basel Committee on Banking Supervision）发布的研究报告中指出透明度就是公开披露可靠的、及时的信息。SEC和巴塞尔银行的研究反映了可靠性和及时性这两个原则。全球报告倡议组织（GRI）在《可持续发展报告指南》中提出准确性、清晰性、平衡性、可比性、时效性和可靠性是判断报告质量的准绳。在国内，上交所和深交所分别在《上海证券交易所上市公司信息披露工作评价办法》和《深圳证券交易所上市公司信息披露考核办法》中提出企业信息披露的原则，都是准确、完整、合规、真实、及时和公平。

在学术界，评估原则也经历了逐渐完善的发展过程，从早期的怀斯曼（Wiseman，1982）到国内学者沈洪涛等（2010），评价原则从以信息是否定量为标准，到添加了时间性和显著性标准，量化性赋值标准为文字性信息、数量信息和货币性信息三部分；时间性赋值标准为现在信息、未来信息和现在与未来对比信息；显著性区分了财务年报和非财务年报两部分，这一方法被后来的研究者广泛借鉴。参考以上国内外学者研究提出的评价原则，总结了四项企业环境信息披露质量评价原则，分别是完整性、平衡性、准确性、时效性。四项评价原则具体含义如下。

1. 完整性

完整性是指企业的社会责任报告所涉及的内容是否较全面地反映了企业在规划、生产、经营的全过程中对环境产生的影响，对环保作出的贡献，即披露范围完整，没有遗漏。同时，完整性也代表报告期间信息的完整。根据本书研究样本为重污染行业上市公司，参考 2010 年生态环境部发布的《上市公司环境信息披露指南（征求意见稿）》作为完整性的准绳。各利益相关者是否可以根据其披露的内容了解企业在报告期间履行环境责任的理念目标、绩效和制度措施，即是否披露了报告期内完整的环境信息。

2. 平衡性

平衡性有两方面的含义，一方面是指环境报告的披露内容不仅要有企业正面积极的环境责任履行情况，也要披露企业负面的环境信息；另一方面是指既要披露硬性指标，也要披露软指标。

平衡性要求企业同时披露正负两面的环境信息，是为了确保利益相关者可以得出客观的评价。正面信息是企业愿意披露给社会公众的，这会提升企业声誉度，增加社会认同感。但对于报告期内环保行为的缺失，以及由于超量污染排放导致公共危害带来的环境罚款等信息也需要进行披露。平衡性判断一方面要看披露的具体负面信息；另一方面是对比正面信息和负面信息的比例。

平衡性的另一个含义是硬指标和软指标的平衡。硬指标是指有具体的数据要求、客观且不易被模仿和冒充的信息，包括环境治理结构和管理系统、环境支出等；而软指标是需要通过描述的、有一定操作空间的、容易被模仿的信息，比如环保战略、自发环保行为。

3. 准确性

准确性也包含两方面的含义，一方面是表示企业环境信息披露的内容要清晰无误、易于接受、可被正确解读；另一方面是表示企业依据客观事实，真实披露了他们的环境责任履行情况，不扭曲不粉饰信息，包括正面的和负面的环境责任信息。

清晰可读性主要从企业环境责任报告的结构、语言、表达形式、内容相关性等方面进行衡量，是否语言流畅、通俗易懂，对一些晦涩难懂的词语能否进行解释。可读性本身难以量化,是主观判断的结果,信息搜集者可以通过判断环境报告的逻辑结构是否清晰,是否使用图表进行展示,图表是否进行注释,是否排版美观等来衡量环境信息披露的清晰可读性。

真实性是指企业环境信息披露的质量与其真实环境表现相符,避免筛选、遗漏、虚假记载和误导性陈述,避免影响利益相关者的判断。当企业环境信息的资料来源真实无误,并且信息能够对实际情况作出真实和全面的反映时,一般认为环境信息是如实反映的。但现实中,企业自身的环境信息披露主观空间过大,实际环境表现与披露内容不符。因此,本书同时考察企业在报告期内是否因为违规而被处以罚款、责令整改、限期整治等,若存在环境处罚,企业是否发布临时报告说明具体整改情况等。

4. 时效性

时效性也是最早提出的环境信息披露的原则之一,主要表示企业披露的环境信息是否及时有效地传递到信息使用者手中,包括利益相关方是否能及时获取信息作出合理决策,以及是否减少由于未能告知公众而带来的二次损失,信息披露频率和信息披露周期应当保持一致性和连贯性,时效性的标准以决策有用为前提。企业环境信息披露对于时效的要求很高,有用的信息如果不能及时获得,将变得没有价值。因此,衡量时效性的计算方法主要有两个:一是上市公司披露的年度报告和社会责任报告是否及时,本书的样本企业基本都做到了在规定时间发布报告;二是针对突发环境事件,是否召开临时股东大会,披露临时报告。企业在环境报告或社会责任报告中披露的环境信息是已经发生的情况,大多在自然年结束的时候才进行发布。对于突发环境事件,仅仅在年报中披露远不能及时有效地通知公众做好防护以避免损失和伤害,临时报告就显得尤为重要。因此,本书主要通过衡量企业在发生突发环境事件时是否披露临时报告作为标准之一来判断环境信息披露的时效性。

企业环境信息披露的完整性、平衡性、准确性、时效性四项原则代表信息披露质量的四个方面,既相互独立,又相互影响。完整性、平衡性和时效性做得较好的企业,其实际环境表现也同样优秀,准确性就一定不错。因此，四项原则从企业环境信息披露内容的全面性、平衡性，到披露方式的时效性，再到企业真实的环境表现，"由虚到实"，从不同维度衡量企业环境信息披露的质量。

4.3 企业环境信息披露质量的指标体系

4.3.1 国内外主流评价体系

国外评价体系发展较为丰富。怀斯曼（Wiseman，1982）针对环境敏感型企业，构建了涵盖经济因素、环境违法情况、污染治理状况和其他环境信息4个一级指标18个二级指标的体系，包括强制披露信息和自愿披露信息，打分标准为［0，3］，3为定量信息披露，2为非定量信息披露，1为一般性信息披露，0为未披露。加拿大特许会计协会（CICA）从能源保护、污染防控、再生资源等多方面提供了相应的环境绩效评价指标，包括7种行业、15个方面，但该指标体系局限在不太适用于企业环境管理的需要，主要考虑企业外部利益相关者的信息需求。世界可持续发展企业委员会（WBCSD）（2000）提出衡量企业环境绩效主要是评价生态效益指标，即产品或服务的价值/环境影响，将财务指标与环境指标相结合，具有较强的实用性。相比怀斯曼构建的针对环境敏感型企业的质量评价体系，全球报告倡议组织（Global Reporting Initiative）2006年发布的《可持续发展报告指南》更加全面和普适，适用于各种规模、各类行业、各个地区的质量评价，该指南将环境信息分为12个考察面，共34项具体内容，12个考察面分别是水、能源、原材料、生物多样性、排放、污水和废弃物、产品和服务、交通运输、供应商环境评估、环境整体情况、法规遵循和环境问题申诉机制。根据GRI的《可持续发展报告指南》，克拉克森（Clarkson，2008）将硬指标和软指标相结合，进一步建立了7个大类96个指标，更加关注企业的环境主动行为。7个大类分别为（A1）环境治理体系（6项），（A2）可信度（10项），（A3）环境绩效指标（EPI）（10项），（A4）环境支出（3

项)，（A5）环境愿景和政策说明（6 项），（A6）环境概况（4 项）和
（A7）环保措施（6 项）。

国内评价体系发展较晚，2009 年，中国社会科学院发布《中国社会
责任报告编写指南》，直至 2017 年出版 4.0 版本，该指南中的环境保护部
分主要将信息分为绿色管理、绿色生产、绿色运营三大类。绿色管理主
要是上层建筑的设计，包括建立环境管理体系、开展环保教育、应对气
候变化等内容；绿色生产代表具体实施过程中的环保环节，包括节能减
排、节约用水、减少三废排放、绿色设计和包装运输等方面；绿色运营
针对外围环节，主要包括绿色办公和环保公益等方面，目前，这份综合
指南已成为我国企业社会责任报告编写的权威参考。沈洪涛（2010）根
据我国《环境信息公开办法（试行）》，将环境信息分为六个方面，分别
是企业环保方针目标和成效、资源消耗、环保投资、污染排放和处理、
环保支出和其他，这一评价体系主要参考法规文件中要求披露的信息，
从数量和质量两个方面进行分析，既留意企业环境信息披露的位置是否
显著，也要看环境信息的披露是否用到文字性描述以及货币描述，而且
还结合该披露的环境信息是发生在过去还是现在，但该评价体系局限于
规定披露的环境信息，不够全面深入。王建明（2008）根据相关性、可
靠性、可比性、明晰性以及充分披露五个评价原则也将环境信息划分为
六大类很多小项，更加全面，而且特别之处在于他选择通过问卷的形式
请专家判定每一项的权重，这有别于其他学者对于权重的选取，但问卷
调查有利有弊，因此也有其自身的局限性。

4.3.2 企业环境信息披露质量指标体系的构成要素

在企业环境信息披露质量评价指标的选取时，应充分考虑以下条件：
一是指标数据的可获取性、连续性；二是指标数据的全面性和代表性，
要充分反映企业环境信息披露的实际情况，且被国内外多数学者选择使
用过；三是指标之间存在某种逻辑关系，如环境管理可以带来环境收益。
本书界定的企业环境信息披露质量是对环境信息披露形式、披露内容以
及披露程度的评价。披露形式是否多样化、易获取；披露内容的选取是

否涵盖企业环境信息披露的真实性、显著性、详细性、全面性、平衡性等多个方面；披露程度是否有外部监督，包括政府、社会公众和第三方机构的共同监管。因此，参考国内外主流学者对企业环境信息披露质量的评价体系，补充了克拉克森（Clarkson，2008）和沈洪涛（2010）构建的环境信息内容，又规避了问卷调查带来的不够全面客观的可能，遵循指标选取的基本要求，结合企业环境信息披露质量的基本原则。本书将企业环境信息披露质量综合评价指标的研究从披露形式、披露内容和披露程度三个角度出发，分为环境管理、资源价值、环境治理、环境收益、环境罚款和其他信息六个一级指标。

1. 环境管理

企业环境管理要素包含八个方面，第一是企业的环保投资，即当年企业在环保方面的实质投资金额，最直接地体现了企业对环保方面的贡献；第二是定期披露环境报告，这里主要指社会责任报告，定期披露也是企业管理的一部分，社会责任报告的发布需要企业搜集大量环保信息，并耗费一定人力、物力、财力，只有管理者的授意和支持才有可能延续下去；第三是企业资源管理信息系统（ERP），ERP 代表企业资源计划，或是企业资源信息管理系统，或是企业资源管理系统，是资源管理科技化的体现；第四是 ISO14000 等环境认证，ISO14000 环境管理系列标准由国际标准化组织（ISO）的环境管理技术委员会制定，有 14001 到 14100 共 100 个号，企业获得此系列认证意味着拿到贸易的绿色通行证；第五是环保专利，企业在环保方面研发的成果是否申请了专利，这是对企业环保贡献的一个更高评价标准；第六是环保方针目标，即公司的环境保护理念，以及环境保护理念与相应资源短缺的关系；第七是环保设施，即企业为更好履行环保责任而置办的环保设施，是让环保理论落实的工具；第八是环保培训，主要含有企业对职员的教育、培训和信息交流情况，这里重点针对环保方面的培训和交流，还包括内部环境管理组织建构及各部门责任和权限分工。

2. 资源价值

资源是指可再生和不可再生的物质资源，资源价值由资源效能指标来衡量，即各种能源和水的利用效率，循环使用率等。这个指标主要鼓励企业节约能源使用，积极研发节能减排的设施，诸如"无纸化办公""绿色采购"等。提高资源使用率是从源头减少污染物的输出，从源头进行环境保护，这是目前环境保护的重要方面。

3. 环境治理

环境治理是企业履行环保责任另一重要方面。目前我国污染排放主要包括温室气体排放、废气、废水和固体废物排放，因此本书将环境治理一级指标细分为三个二级指标：气候治理、三废治理和节能减排。其中节能减排通过八个项目打分，分别是万元增加值（现价）综合能耗（吨标煤）、万元增加值综合能耗较上年下降的百分比（%）、二氧化硫排放量（吨）、二氧化硫排放较上年下降的百分比（%）、COD 排放量（吨）、COD 排放较上年下降的百分比（%）、万元增加值（现价）取水值（吨）和万元增加值取水值较上年下降的百分比（%）。企业根据国家环境部门制定的按浓度和含量计算的温室气体排放标准、按种类和处理方法计算的固体废物总量、按废水水质和流向计算的废水排放量来进行相关治理，节约能源，降低能耗，减少污染物排放量。出现超标排放的，需要及时调整产量，积极整改，并说明超标原因。

4. 环境收益

环境收益包含两个指标。一个是指公司在履行环境保护责任的过程中获得的资金收益，这里由环保效益来衡量，主要包括企业在改进技术、节能降耗减排的同时，由于增加产能、降低消耗、减少支出等带来的资金成本减少和收益增加；另一个是政府环保补贴及奖励，为了支持各类环保政策法规的推动和实施，政府也给予了相应的补贴和奖励。对于符合政策指定类型的企业，只要积极进行环境治理，在生产中履行环境保护的要求，政府就会给予补贴和奖励，使得企业产业升级的同时，实现低成本或无成本保护环境。此项主要体现在年报中递延收益里与环境相关的部分。环境收益是双赢的环境保护结果，如果企业可以通过环境保护获得收益，会有效提高企业的环保积极性。

5. 环境罚款

环境罚款的衡量指标是环保罚款赔偿，主要包括排污费、恢复治理金，以及环境相关的治理金或补偿金。环保罚款主要是督促企业牢记社会责任，环保罚款无上限也加大了企业违法乱纪、逃避环保的成本，同时也为各级政府及监管部门更好地保护生态环境提供了保证。

6. 其他信息

其他环境支出是衡量企业是否有其他未涉及的环保方面的支出，例如做环保公益的支出。其他环境支出的作用是查漏补缺，鉴于企业环境信息披露的内容尚无统一的标准，自由度较高，此项就将未涉及的环保方面的贡献涵盖进指标体系。

4.3.3　企业环境信息披露质量指标体系的构建

综合内容分析法和指标分类法，对企业环境信息披露质量（简称 CEID）进行打分取值，构建企业环境信息披露质量的指标体系，具体 CEID 指标如表 4-1 所示。首先将 CEID 划分为 6 个一级指标和 16 个二级指标。6 个一级指标分别是环境管理、资源价值、环境治理、环境收益、环境罚款和其他。16 个二级指标具体包括环保投资、企业资源管理信息系统 ERP、环保专利、定期披露环境报告、气候治理、资源效能、环保方针目标、ISO14000 等环境认证、节能减排、三废治理、环保设施、环保培训、环保罚款、环保效益、环保补贴及奖励和其他环境支出。其中，环保投资、企业资源管理信息系统、环保专利以及定期披露环境报告等 5 项均为 0~1 打分制，即年报、社会责任报告中这 5 项如果有披露则打分为 1，哪一项没有披露则打分为 0。其余 11 项按照未披露、一般性披露、详细性披露和定量披露四个维度，分别赋值为 0、1、2、3 分，披露的程度越详细分值越高，分值越高说明企业环境信息披露的质量越高。

其次，从企业年报和社会责任报告中，手工收集重污染行业上市公司数据样本，基于我国企业环境信息披露的内容缺乏具体数据信息，依据企业对环境信息的文字描述详细程度进行打分，描述内容越多越详细，则表明企业环境信息披露的质量越高。未披露打分为 0；一般性披露表示文字描述在三行以内的，打分为 1；详细性披露表示文字描述在三行以上的，打分为 2；有数值信息则为定量披露，也是最为详细的环境信息披露，打分为 3。这样，每个具体指标的最小值是 0，最大值是 3，各项取值求和得出每个企业的 CEID 总分。

表 4 - 1　　　　　　　企业环境信息披露质量取值内容和标准

分类	一级指标	二级指标	取值标准
披露形式	环境管理（E_m）	定期披露环境报告环保投资	[0，1]
披露程度		ISO14000 等环境认证	
		企业资源管理信息系统 ERP	
		环保投资	
		环保专利	
披露内容		环保方针目标	[0，1，2，3]
		环保设施	
		环保培训	
	资源价值（E_v）	资源效能	
	环境治理（E_g）	气候治理	
		节能减排	
		三废治理	
	环境收益（E_b）	环保效益	
		环保补贴及奖励	
	环境罚款（E_f）	环保罚款	
	其他信息（E_o）	其他环境支出	

资料来源：笔者根据数据整理而得。

将企业环境信息披露质量（corporate environment information disclosure quality）得分表示为 CEID：

$$CEID = E_m + E_v + E_g + E_b + E_f + E_o$$

企业环境信息披露质量的满分为 38 分，若分值区间在 [0，16]，表示企业环境信息达到一般性文字披露水平；分值区间在（16，27），表示企业环境信息达到详细性文字披露水平；分值区间在（27，38），表示企业环境信息达到定量披露水平。在此需要特别说明的是本书结合内容分析法和指标分类法对企业环境信息披露质量进行打分，即等权加总各项指标的分数。

4.4　企业环境信息披露质量的时空演进特征

企业环境信息披露相关报告主要发布于重污染行业上市公司，这是基于可被监督的前提条件和政策导向。依据《企业事业单位环境信息公开暂行办法》（自2015年1月1日起施行）、《公开发行证券的公司信息披露内容与格式准则第2号——年度报告的内容与格式（2017年修订）》等政策的内容，都主要是针对重污染行业企业进行要求和约束。而且上市公司相较于非上市公司而言具有信息披露的优势和监管的必要性，首先上市公司具有更规范化的经营模式，信息更加公开透明，上市公司有义务听从证监会的要求进行相关信息的披露；其次上市公司一般规模较大，涉及的经营范围更加广泛，如果可以掌握上市公司的环境信息披露情况，就掌握了大部分工业的环保状况。因此，本书研究样本为沪深两市A股434家重污染行业上市公司。

4.4.1　时间特征分析

根据前面企业环境信息披露质量的计算方法得出2008～2018年连续11年的样本数据，首先从全样本、行业、区域、企业性质、披露内容五个方面进行企业环境信息披露质量的时间特征分析。

1. 全样本总体变化趋势分析

从本书计算得出的2008～2018年连续11年的样本数据的总体变化趋势来看，2008～2018年沪深两市A股重污染行业上市公司企业环境信息披露质量在逐步提高，如图4-1所示，从2008年的10分到2018年的17.078分，实现了70.78%的增长率。在研究期内，样本企业的环境信息披露质量呈现缓慢增长趋势，2010～2011年，仅增长了1%，说明这两年重污染行业上市公司在环境信息公开方面的建设较少；研究期内2014年的企业环境信息披露质量有小幅降落，可能的原因是2014年国家出台的环境信息公开方面的政策文件较少。其余时间段内样本企业环境信息披露质量持续增高，说明随着环保意识的不断增强，环境信息公开政策的不断出台，我国上市公司环境信息披露质量在时序上呈现波段上升演进特征。

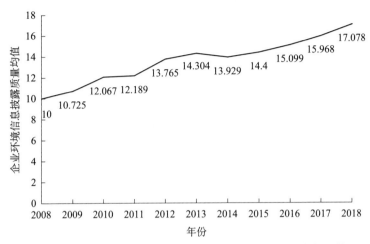

图4-1　2008～2018年全样本企业环境信息披露质量变化趋势

资料来源：笔者根据收集的2008～2018年沪深两市A股重污染行业上市公司数据整理而得。

2. 行业时间特征分析

截至2018年，沪深两市A股重污染行业上市公司共计434家，其中沪市282家，深市152家。依照证监会2012年发布的《上市公司行业分类指引》，重污染行业被界定为1. 火电；2. 钢铁；3. 水泥；4. 电解铝；5. 煤炭；6. 冶金；7. 建材；8. 采矿；9. 化工；10. 石化；11. 制药；12. 轻工；13. 纺织；14. 制革14个行业。本节将434家重污染行业企业进行具体行业划分，样本行业状况如表4-2和图4-2所示。从表4-2和图4-2中可以看出，占比最多的前三个行业分别是制药、化工和冶金，三个行业占比总和接近50%。其中制药行业样本公司最多，占比达17.3%；化工、冶金两个行业分别有71家和54家样本公司，占比分别为16.4%和12.4%；余下的纺织、轻工、采矿、火电和煤炭行业样本公司数量分别为38家、37家、26家、24家和22家，占比较少均为个位数；样本内没有水泥和电解铝相关行业的上市公司；其他行业是未能划分进这14类行业，但同样为重污染行业的企业，共计37家。

表 4 - 2　　　　　　　　　　　样本各行业数量占比

序号	行业	企业数量	占比（%）
1	火电	24	5.5
2	钢铁	7	1.6
3	水泥	0	0
4	电解铝	0	0
5	煤炭	22	5.1
6	冶金	54	12.4
7	建材	30	6.9
8	采矿	26	6
9	化工	71	16.4
10	石化	11	2.5
11	制药	75	17.3
12	轻工	37	8.5
13	纺织	38	8.8
14	制革	2	0.5
15	其他行业	37	8.5
	合计	434	100

资料来源：笔者根据收集的 2008～2018 年沪深两市 A 股重污染行业上市公司数据整理而得。

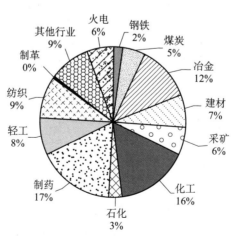

图 4 - 2　样本行业分布状况

资料来源：笔者根据收集的 2008～2018 年沪深两市 A 股重污染行业上市公司数据整理而得。

进一步，我们对样本中的 14 类细分行业进行 2008～2018 年环境信息披露质量的时间特征分析，结果如表 4-3 所示。在样本公司的细分行业中，钢铁行业的环境信息披露质量是排在第一位的，2008～2018 年环境信息披露质量平均为 18.691。冶金、石化、轻工、煤炭、采矿、化工 6 个行业的环境信息披露质量排位第二梯队，均值分别为 16.049、16.000、15.216.000、15.114、14.096 和 13.899。建材、火电、制药和纺织行业的环境信息披露质量属于第三梯队，分别为 13.445、13.222、12.460 和 11.570。环境信息披露质量最差的行业是制革，2008～2018 年环境信息披露质量均值仅为 8.830，不及钢铁行业的 1/2。总体来看，目前我国重污染行业上市公司环境信息披露质量总体较差，仍有很大的上升和改进空间。

表 4-3　　　　　2008～2018 年分行业企业环境信息披露质量

行业	2008 年	2010 年	2012 年	2014 年	2016 年	2018 年	均值
钢铁	12.857	17.143	18.000	20.000	20.286	23.857	18.691
冶金	12.204	15.500	16.463	16.407	16.370	19.352	16.049
石化	14.545	15.545	19.545	13.909	14.636	17.818	16.000
煤炭	8.864	12.864	12.318	17.591	19.773	19.273	15.114
轻工	11.568	13.324	14.892	15.514	17.000	19.00	15.216
采矿	8.808	13.231	13.962	14.423	17.077	17.077	14.096
化工	8.690	12.000	13.732	14.620	16.085	18.268	13.899
建材	8.700	13.800	12.900	14.167	14.600	16.500	13.445
火电	8.875	10.833	12.292	15.208	15.417	16.708	13.222
制药	9.467	10.88	13.787	11.573	12.733	16.32	12.460
纺织	7.211	10.447	10.895	11.474	14.605	14.789	11.570
其他行业	8.351	10.162	11.757	10.270	10.378	11.432	10.392
制革	7.500	6.500	8.500	8.000	7.000	15.500	8.830

注：为了易于统计和比较，个别企业数量比较少的行业合并入"其他行业"。
资料来源：笔者根据收集的 2008～2018 年沪深两市 A 股重污染行业上市公司数据整理而得。

按照 2008～2018 年的分行业企业环境信息披露质量数据，刻画分行业 CEID 时间演进趋势（见图 4-3）。14 个细分行业环境信息披露质量随着时间的变化呈上升趋势。其中石化、制革行业呈现"下降—上升—下降—上升"的"W"型波动过程。火电、制药、煤炭行业在2012年均有短暂下滑，但随后的年份仍然呈现上涨趋势。总结上述分行业特征，可以将企业环境信息披露质量的行业时间演进特征划分为三个阶段。第一个阶段是2008~2012年，14个行业均处于缓慢上升阶段，这是我国企业环保意识逐渐显现的萌芽阶段。第二个阶段是2012~2014年，大部分行业CEID停滞不前或者短暂下降，这一时期政府颁布的相关政策主要侧重点是重点企业自行监测、重污染行业自觉履行环境责任等，缺乏强有力的强制性政策推进。第三个阶段是2014~2018年，各个行业出现新一轮的质量增长，一方面政府建立企业事业单位环境行为信用评价制度，确定重点排污单位名录，明确具体排污信息的披露；另一方面公众和企业对环境保护意识的增强从内部推动了环境信息公开的工作。因而，我国企业环境信息披露质量经历了初期缓慢增长和中期短暂调整，而后逐步上升的过程。这也说明国家和政府各部门出台的相关政策起到了促进作用，以及环境信息公开的主体——重污染行业上市公司自身越来越重视环保工作、积极履行信息公开的社会责任。

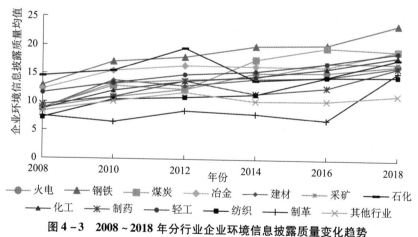

图4-3　2008~2018年分行业企业环境信息披露质量变化趋势

注：为了易于统计和比较，个别企业数量比较少的行业合并入"其他行业"。

资料来源：笔者根据收集的2008~2018年沪深两市A股重污染行业上市公司数据整理而得。

3. 区域时间特征分析

（1）三大经济区域。我国地域辽阔，各个省份的企业由于地理位置的不同，所享有的资源和发展条件也不同。国家对于不同地域的企业政策支持也有很大差异，外部因素会干扰企业的经营发展，导致不同省份的企业发展不平衡。因此，将这 434 家重污染行业上市公司按照东、中、西部划分为三大经济区域，分析研究不同区位的企业环境信息披露质量2008～2018 年的发展情况，具体结果如表 4-3 所示。

从表 4-4 可以看出，东部地区企业数量最多，占样本总量的近45%；其次是中部地区，企业数量占样本总量的 35%；西部地区企业数量最少，仅为中部地区的 1/2 多。从东中西部的企业数量可以看出，东部地区和中部地区的上市公司数量具有明显优势，上市公司的数量较多代表着地区的经济较为发达，而西部地区相较东部和中部而言发展速度较慢。从时间序列来看，我国东、中、西部企业环境信息披露质量都处于上升的发展态势，证明全国各个地区都在积极推进信息公开业务。在2008～2018 年，各个地区的企业也都提高了履行社会责任的意识，与2008 年企业环境信息披露质量的指数相比，2018 年的环境信息披露指数实现了翻倍增长。

表 4-4　　　　2008～2018 年东中西部企业环境信息披露质量

地区	企业数量	比例	2008 年	2010 年	2012 年	2014 年	2016 年	2018 年	均值
东部	197	45%	9.396	12.147	13.914	13.843	15.391	17.127	13.636
中部	150	35%	9.707	12.360	13.600	13.793	15.013	17.053	13.588
西部	87	20%	9.805	12.977	13.713	14.356	14.586	17.011	13.741

资料来源：笔者根据收集的 2008～2018 年沪深两市 A 股重污染行业上市公司数据整理而得。

从 2008～2018 年东中西部企业环境信息披露质量变化趋势（见图 4-4）可以看出，东部、中部和西部企业的变化趋势总体一致。观察三个地区 CEID 变化特征将其划分为三个阶段，第一个阶段是 2008～2012年，这期间西部地区的 CEID 是三个地区中最高的，中部地区和东部地区数值较为相近，这说明在我国企业环境信息公开制度发展的初期西部地区的环境责任履行工作开展得最早。第二个阶段是 2012～2014 年，西部地区的 CEID 仍然保持了较高的增长趋势，中部地区则维持原有水平、停滞不前，而东部地区甚至出现短暂下降趋势，在这一阶段全国企业环境信息披露质量最好的区域依旧是西部地区。第三个阶段是 2014～2018 年，东部地区的 CEID 实现了大幅度增长，反超中部和西部成为三个地区中质量最高的，而对比之下西部地区的增长则较为缓慢，下降为三个地区中质量最低的。纵观东中西部企业环境信息披露质量时间变化趋势，西部地区虽然经济欠发达，但重污染行业上市公司数量是最少的，因而环境信息公开的工作比较容易开展，成为三个地区中最早开展环境信息公开制度的；而东部地区重污染企业是西部地区的两倍多，数量多导致政策实施范围广，前期工作推进较为缓慢，但随着政策的不断完善，企业环境责任意识的不断增强，基于良好的经济基础一跃成为三个地区中质量增长最快也是最高的区域。

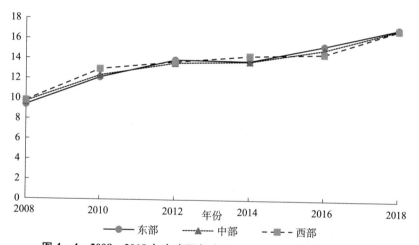

图 4 - 4　2008～2018 年东中西部企业环境信息披露质量变化趋势

资料来源：笔者根据收集的 2008～2018 年沪深两市 A 股重污染行业上市公司数据整理而得。

（2）七大地理分区。根据样本企业所处的省市位置不同，按七大地理分区进行分析，结果如表 4 - 5 所示。样本企业分布最多的六个省份是山东省、浙江省、江苏省、北京市、广东省和上海市，分别有 34 家、32 家、30 家、29 家、25 家和 24 家，加起来共占样本企业总量的 40%。这六个省份中有四个属于华东地区，其余两个分别属于华北和华南地区。

表 4-5 七大地理分区企业分布状况

分区	省份	企业数量	占比（%）	分区	省份	企业数量	占比（%）
华北	北京	29	6.7	华南	广东	25	5.8
	天津	5	1.2		广西	9	2.1
	河北	16	3.7		海南	1	0.2
	山西	19	4.4	西北	陕西	7	1.6
	内蒙古	11	2.5		甘肃	6	1.4
华东	安徽	21	4.8		宁夏	4	0.9
	上海	24	5.5		青海	5	1.2
	江苏	30	6.9		新疆	13	3
	浙江	32	7.3	东北	黑龙江	4	0.9
	江西	9	2.1		吉林	9	2.1
	福建	14	3.2		辽宁	8	1.8
	山东	34	7.8	西南	重庆	9	2.1
华中	河南	17	3.9		四川	21	4.8
	湖北	15	3.5		贵州	7	1.6
	湖南	15	3.5		云南	13	3
					西藏	2	0.5
	合计	291	67		合计	143	33

资料来源：笔者根据收集的 2008~2018 年沪深两市 A 股重污染行业上市公司数据整理而得。

从七大地理分区层面来看，其 2008~2018 年企业环境信息披露质量变化趋势各不相同（见图 4-5），具体如下。

华北地区 2008~2018 年企业环境信息披露质量变化，大致可以分为两个阶段：第一个阶段是 2008~2012 年企业环境信息披露质量呈现出上升的态势；第二个阶段是 2012~2018 年呈现出"V"型的变化态势，2018 年为最大值 18.174，居七大区域之首。但是从总体上来看，华北地区企业环境信息披露质量呈现出上升的变化趋势。

华东地区 2008~2018 年的企业环境信息披露质量变化，总体上呈现出上升的变化态势。值得注意的是，七大自然分区中只有两个地区 11 年间 CEID 持续上涨，分别是华东和华中地区，而华东地区是二者间涨幅最

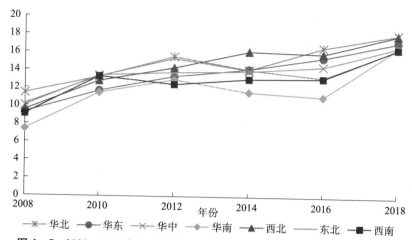

图 4-5　2008~2018 年七大自然地理分区企业环境信息披露质量变化趋势

资料来源：笔者根据收集的 2008~2018 年沪深两市 A 股重污染行业上市公司数据整理而得。

大的区域，高达 86%。华东地区也是重污染行业上市公司数量最多的地区，苏浙沪地区对于环境保护的意识萌芽较早，对企业环境责任的履行工作开展广泛且深入，在资金、技术方面给予大力支持，使得华东地区的企业环境信息披露质量在全国居于较高水平。

华中地区 2008~2018 年的企业环境信息披露质量变化，总体上呈现出缓慢上升的变化态势。对比同样持续上涨的华东地区，华中地区 11 年间 CEID 涨幅较低，约为 67%。

华南地区 2008~2018 年的企业环境信息披露质量变化，大致也可以分为两个阶段：第一个阶段是 2008~2012 年企业环境信息披露质量呈现出上升的态势；第二个阶段是 2012~2018 年呈现出 "V" 型的变化态势，2018 年达到最大值 16.68。所以，华南地区的企业环境信息披露质量从总体上看也呈现上升趋势。值得注意的是，华南地区是七大区域中 CEID 起步水平最低的区域，2008 年的 CEID 仅为 7.428，但经过 11 年的发展到 2018 年的 16.68，涨幅超 125%，成为七大区域中企业环境信息披露质量增长幅度最大的区域。

西北地区 2008~2018 年的企业环境信息披露质量变化，大致也可以分为两个阶段：第一个阶段是 2008~2014 年企业环境信息披露质量呈现出上升的态势；第二个阶段是 2014~2018 年呈现出 "V" 型的变化态势，2018 年为最大值 18.084。其中，2014 年西北地区的 CEID 是七大区域中最高的，并且横向对比发现，西北地区从 2008 年处于七大区域中的中低水平快速发展成为 2018 年 CEID 水平仅次于华北地区、排名第二的区域。

东北地区 2008～2018 年的企业环境信息披露质量变化，与华北和华南地区一致也可以分为两个阶段：第一个阶段是 2008～2012 年企业环境信息披露质量呈现出上升的态势；第二个阶段是 2012～2018 年呈现出"V"型的变化态势，2018 年为最大值 16.557。东北地区作为七大区域中重污染行业上市公司数量最少的区域，同样也是 2018 年 CEID 水平最低的区域，是经济发展较早的老工业基地，因为一些历史遗留问题使得经济发展速度减缓，且早期无节制的开发使得生态环境破坏较大，对于企业环境信息披露的建设还需要进一步深化。

西南地区 2008～2018 年的企业环境信息披露质量变化，大致可以分为两个阶段：第一个阶段是 2008～2016 年呈现"倒 V"下降的态势，2010 年达到最大值 13.309；第二个阶段是 2016～2018 年呈现出上升的变化态势。从总体上来看，西南地区企业环境信息披露质量呈现出上升的变化趋势。从 11 年间的发展态势可以看出，西南地区 CEID 起步较低，截至 2018 年的 CEID 水平依旧处于七大区域中的较低水平。

综上所述，从 2008～2018 年七大自然地理分区的企业环境信息披露质量均值来看，华北地区、华中地区、西北地区和东北地区企业环境信息披露质量高于全国平均水平（13.609）；而华东地区、华南地区和西南地区则低于全国平均水平。七大自然地理分区企业环境信息披露质量水平高低排序为：华北地区 > 西北地区 > 东北地区 > 华中地区 > 华东地区 > 西南地区 > 华南地区。

（3）31 个省份。各省份 2008～2018 年总体变化趋势如表 4 - 6 所示。31 个省份的企业环境信息披露质量在总体均呈现出上升的趋势，其中北京、山西、内蒙古、上海、山东和四川六个省份的企业环境信息披露质量在研究期的 11 年间均持续上升。

表 4 - 6　2008～2018 年中国 31 个省份企业环境信息披露质量

省份	CEID					
	2008 年	2010 年	2012 年	2014 年	2016 年	2018 年
北京	11.481	14.778	15.333	15.741	16.630	18.889
天津	15.400	13.600	21.400	11.200	16.000	17.600
河北	10.000	12.688	15.375	15.375	14.938	17.938
山西	12.353	14.529	14.706	15.824	19.824	19.941
内蒙古	7.833	10.667	10.917	12.583	15.833	16.500
安徽	9.952	12.714	13.952	12.905	14.762	16.476
上海	8.652	11.609	12.130	12.261	14.087	14.957
江苏	8.000	10.531	10.375	12.500	14.781	16.125
浙江	7.406	11.406	14.938	14.906	16.031	19.125
江西	8.889	11.222	14.222	16.222	14.667	19.778
福建	13.857	14.071	14.429	17.214	18.857	18.500
山东	8.286	10.286	13.229	13.371	15.457	16.114
河南	11.250	15.375	14.063	14.250	17.000	17.938
湖北	6.867	11.067	13.333	14.400	13.600	15.267
湖南	11.933	13.800	13.933	13.200	13.000	17.067
广东	7.840	11.200	12.760	10.200	12.400	15.040
广西	10.444	13.222	16.111	16.667	16.111	18.000
海南	4.000	10.000	10.000	8.000	5.000	17.000
陕西	8.714	13.857	17.286	11.000	13.286	17.714
甘肃	10.000	11.333	11.500	21.000	15.000	15.500
宁夏	8.000	13.250	12.500	18.750	13.250	19.250
青海	11.600	13.200	15.000	15.000	22.800	19.800
新疆	9.308	12.308	15.231	15.077	15.462	18.154
黑龙江	11.500	16.250	15.500	18.750	16.250	16.750
吉林	10.111	12.778	14.889	12.000	10.667	13.778
辽宁	9.000	10.857	15.571	11.571	13.000	19.143
云南	11.692	15.692	16.077	19.385	17.077	21.462
重庆	12.556	14.889	14.333	11.333	9.111	11.222
四川	9.522	10.609	11.870	11.348	13.261	15.000
西藏	2.500	12.500	9.500	9.500	8.000	18.000
贵州	9.143	12.857	10.429	13.857	18.571	17.143

资料来源：笔者根据收集的 2008～2018 年沪深两市 A 股重污染行业上市公司数据整理而得。

另外，从各个分区层面来看，具体变化情况如下。

华北地区五个省份的企业环境信息披露质量变化情况（见图4-6）：北京、河北、山西和内蒙古四个省份2008～2018年呈缓慢上升趋势，天津是华北五省中波动幅度最大的省份，在2012年达到最大值21.4。五个省份的企业环境信息披露质量高低排序为：山西＞天津＞北京＞河北＞内蒙古。

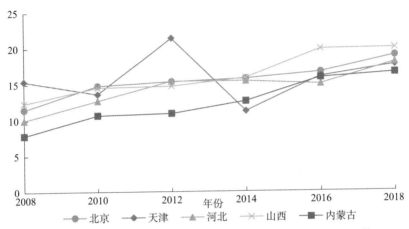

图4-6　2008～2018年华北地区企业环境信息披露质量变化趋势

资料来源：笔者根据收集的2008～2018年沪深两市A股重污染行业上市公司数据整理而得。

华东地区七个省份的企业环境信息披露质量变化情况（见图4-7）：安徽、上海、江苏、浙江、福建和山东的企业环境信息披露质量在2008～2018年呈缓慢上涨态势；江西企业环境信息披露质量在2008～2014年呈现持续上涨趋势，2014～2018年呈现"V"型变化态势。七个省份的企业环境信息披露质量高低排序为：福建＞江西＞浙江＞安徽＞山东＞上海＞江苏。

华中地区三个省份的企业环境信息披露质量变化情况（见图4-8）：湖北和湖南的企业环境信息披露质量在2008～2018年呈上升态势；河南的企业环境信息披露质量在2008～2018年呈现出"M"型变化态势，其企业环境信息披露质量整体大于11，但在整体上仍呈增长的态势，于2018年成为三省中质量最高的（17.938）。三个省份的企业环境信息披露质量高低排序为：河南＞湖南＞湖北。

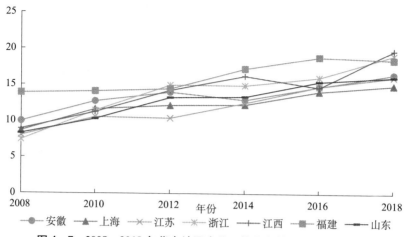

图4-7　2008~2018年华东地区企业环境信息披露质量变化趋势
资料来源：笔者根据收集的2008~2018年沪深两市A股重污染行业上市公司数据整理而得。

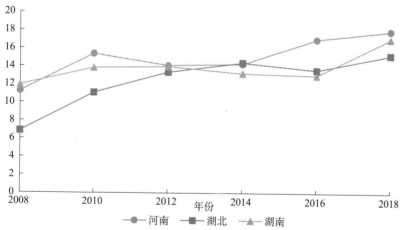

图4-8　2008~2018年华中地区企业环境信息披露质量变化趋势
资料来源：笔者根据收集的2008~2018年沪深两市A股重污染行业上市公司数据整理而得。

华南地区三个省份的企业环境信息披露质量变化情况（见图4-9）：广东和海南的企业环境信息披露质量在2008~2012年呈缓慢上升态势，2012~2018年呈"V"型变化态势，值得注意的是，2008年海南的企业环境信息披露质量起步较低，仅为广东的1/2、广西的1/3，但发展到2018年，企业环境信息披露质量实现了四倍的增长率，达到17；广西的企业环境信息披露质量在 2008～2018 年呈现缓慢增长的趋势。三个省份的企业环境信息披露质量高低排序为：广西＞广东＞海南。

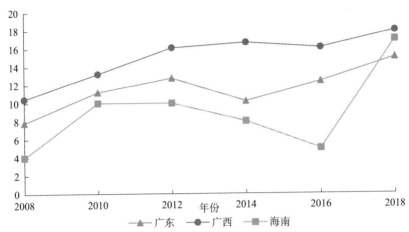

图 4 - 9 2008～2018 年华南地区企业环境信息披露质量变化趋势

资料来源：笔者根据收集的 2008～2018 年沪深两市 A 股重污染行业上市公司数据整理而得。

西北地区五个省份的企业环境信息披露质量变化情况（见图 4 - 10）：青海和甘肃的企业环境信息披露质量在 11 年的发展中间阶段呈现短暂倒"V"型发展态势，分别出现在 2014～2018 年和 2012～2016 年，其余时间段呈缓慢增长态势；陕西的企业环境信息披露质量在 2008～2012 年呈上升趋势，在 2012～2018 年呈"V"型发展态势；宁夏的企业环境信息披露质量在发展初期的 2008～2010 年呈缓慢增长态势，在 2010～2018 年呈"W"型变化态势，整体缓慢上升，但波动较大；新疆的企业环境信息披露质量是五个省份中发展最平稳的，2008～2018 年始终呈现缓慢增长态势。五个省份的企业环境信息披露质量高低排序为：青海＞新疆＞宁夏＞甘肃＞陕西。

东北地区三个省份的企业环境信息披露质量变化情况（见图 4 - 11）：辽宁和吉林的企业环境信息披露质量在 2008～2012 年呈缓慢增长态势，在 2012～2018 年呈"V"型发展态势；黑龙江的企业环境信息披露质量在 2008～2018 年呈"M"型波动增长态势。三个省份的企业环境信息披露质量高低排序为：黑龙江＞辽宁＞吉林。

西南地区五个省份的企业环境信息披露质量变化情况（见图 4 - 12）：

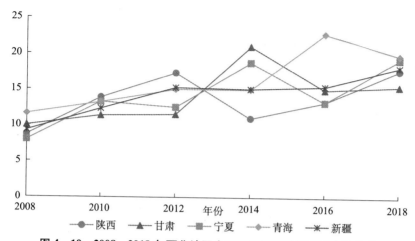

图 4－10 2008～2018 年西北地区企业环境信息披露质量变化趋势

资料来源：笔者根据收集的 2008～2018 年沪深两市 A 股重污染行业上市公司数据整理而得。

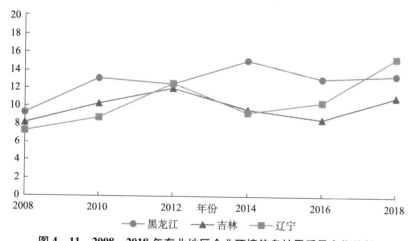

图 4－11 2008～2018 年东北地区企业环境信息披露质量变化趋势

资料来源：笔者根据收集的 2008～2018 年沪深两市 A 股重污染行业上市公司数据整理而得。

贵州的企业环境信息披露质量在 2008～2018 年呈 "M" 型缓慢增长态势；云南和四川的企业环境信息披露质量在 2008～2018 年呈现增长态势；西藏的企业环境信息披露质量起步最低，在 2008 年仅为 2.5，但经过 11 年的发展达到了 18，高于 31 个省份 2018 年的平均水平 17.264；重庆的企业环境信息披露质量在 2008～2010 年呈缓慢上升趋势，在 2010～2018 年呈缓慢下降态势，值得注意的是重庆是 31 个省份中唯一一个呈下降态势的省份。五个省份的企业环境信息披露质量高低排序为：云南 > 贵州 > 重庆 > 四川 > 西藏。

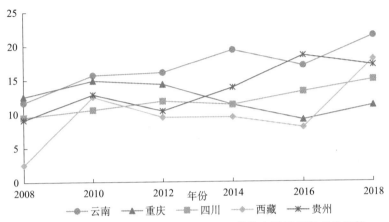

图 4 - 12　2008 ~ 2018 年西南地区企业环境信息披露质量变化趋势

资料来源：笔者根据收集的 2008 ~ 2018 年沪深两市 A 股重污染行业上市公司数据整理而得。

4. 披露内容时间特征分析

基于现有的企业环境信息披露相关规章制度，采用内容分析法和指数分析法相结合的方式，将企业环境信息披露质量（CEID）按照 6 个一级指标、16 个二级指标进行核算，具体统计结果如表 4 - 7 所示。

表 4 - 7　　　　　　　　企业环境信息披露质量各项指标统计

一级指标	二级指标	取值范围	2008 年	2010 年	2012 年	2014 年	2016 年	2018 年
环境管理	环保投资	[0, 1]	0.440	0.521	0.608	0.680	0.677	0.578
	环境报告	[0, 1]	0.272	0.359	0.410	0.463	0.468	0.461
	环保专利	[0, 1]	0.021	0.021	0.046	0.069	0.067	0.039
	企业资源信息系统	[0, 1]	0.134	0.138	0.134	0.152	0.154	0.147
	环境认证	[0, 1]	0.357	0.357	0.357	0.357	0.357	0.357
	环保方针	[0, 3]	1.447	1.569	1.740	1.447	1.571	1.435
	环保设施	[0, 3]	1.406	1.627	1.763	1.684	1.631	2.214
	环保培训	[0, 3]	0.318	0.447	0.523	0.461	0.588	0.532

续表

一级指标	二级指标	取值范围	2008 年	2010 年	2012 年	2014 年	2016 年	2018 年
资源价值	资源效能	[0，3]	0.304	0.406	0.516	0.871	0.680	0.908
环境治理	气候治理	[0，3]	0.673	0.827	1.060	1.270	1.138	1.968
	节能减排	[0，3]	1.357	1.555	1.719	1.641	1.899	2.279
	三废治理	[0，3]	0.986	1.138	1.415	1.267	1.631	2.217
环境收益	环保效益	[0，3]	0.410	0.576	0.641	0.274	0.707	0.553
	环保补贴	[0，3]	0.797	1.316	1.389	1.763	2.065	1.694
环境罚款	环保罚款	[0，3]	0.283	0.562	0.578	1.004	1.009	1.184
其他	其他环境支出	[0，3]	0.253	0.382	0.470	0.412	0.426	0.574

资料来源：笔者根据收集的 2008～2018 年沪深两市 A 股重污染行业上市公司数据整理而得。

从一级指标来看，环境治理指标的披露质量最高，2008 年（3.016）介于一般性文字披露水平和详细性文字披露水平之间，截至 2018 年（6.464）全样本平均达到定量披露的水平；而环境管理、环境收益和环境罚款指标从 2008 年到 2018 年都仅从一般性文字披露水平上升为详细性文字披露水平；资源价值和其他指标始终维持在最低的一般性文字披露水平。

从二级指标来看，环保方针、环保设施、气候治理、节能减排、三废治理和环保补贴的相关信息披露质量较高，单项披露指标平均水平在 1～2 分，也就是介于一般性披露水平和详细性披露水平之间。说明企业普遍重视环保方针目标、环境技术产品开发投资情况、公司环保设施的建设、气候治理和三废处置回收等信息的披露；政府方面对于环保补贴、拨款与税收减免等奖励政策也在不断深入，切实给予企业资金上的环境保护支持，从根本上推动企业开展环保相关工作、履行环境保护的义务。

从时间序列来看，6 项一级指标和 16 项二级指标普遍呈现上升趋势，其中环境报告、资源效能、三废治理、环保罚款和环保补贴这 5 项指标的上升程度更为显著。一方面，政府制定的政策法规侧重于企业改进生产技能，提高产能，提高资源利用效率，并且针对不能遵守环境保护方

针的企业严格进行罚款等惩罚措施，强制要求重污染行业上市公司进行
环境信息披露等；另一方面，随着环境污染的不断升级，环境问题也成
为社会各界所关注的焦点，企业管理层的环保意识也在不断增强，积极
履行社会责任义务，保护环境，也成为提高企业社会信誉度的重要影响
因素。到 2018 年，单项披露指标平均值达到 2 ~ 3 分的二级指标共有三
项，分别是环保设施、节能减排和三废治理，表示企业对于这三项环境
信息的披露程度已经超越了详细性披露，朝着定量披露的方向发展。定
量披露是指详细披露了该项环保信息投资的资金数量、减排的具体程度
等，是目前我国企业环境信息披露质量最高等级的体现。

5. 企业性质时间特征分析

样本企业根据第一大股东的性质划分为国有企业和非国有企业，第
一大股东为国家资本控股的为国有企业，反之则为非国有企业，非国有
企业包括民营企业、外资企业等。在 2008 ~ 2018 年，沪深两市国有企业
数量根据第一大股东性质的变化而变化，以 2008 年、2013 年和 2018 年
为例，国有企业和非国有企业数量和环境信息披露质量均值如表 4 - 8 所
示。从时间序列来看，国有企业的数量在逐渐减少，非国有企业数量在
逐渐增加，这符合党的"十五大"精神推进的国有企业改革，从战略上
调整国有经济布局，一般性竞争行业将开放多种经济形式参与，平等竞
争，使得国有经济在国民经济中所占的比重有所下降。但是在研究期内，
样本中国有企业数量始终远远大于非国有企业数量，这说明重污染行业
上市公司中的国有资本依然是控股的主体。

表 4 - 8 样本企业按性质划分环境信息披露质量

项目	2008 年		2013 年		2018 年	
	国有	非国有	国有	非国有	国有	非国有
企业数量	278	156	272	162	249	185
CEID 均值	10.421	8.096	15.368	12.519	18.518	15.141

资料来源：笔者根据收集的 2008 ~ 2018 年沪深两市 A 股重污染行业上市公司数据整理而得。

从企业环境信息披露质量（CEID）的指标横向对比得出，国有企业
环境信息披露水平一直高于非国有企业，一方面说明国有企业在履行环
境信息披露的责任时更加积极全面，另一方面是对于国有企业信息公开

的监督管理会比非国有企业要更加流程化、标准化、具体化和严格化。纵向对比 2018 年和 2008 年的 CEID 指标,国有企业在 11 年间环境信息披露质量增长了 77%,非国有企业增长了 87%。所以,国有企业和非国有企业的环境信息披露质量都得到了显著提升,这再次说明我国企业环境信息披露质量整体得到大幅提升,在国有企业和非国有企业中的增长较为一致。

4.4.2 空间特征分析

1. 全样本空间特征分析

根据计算出来的中国 31 个省份历年企业环境信息披露质量,本书将企业环境信息披露质量划分四个等级,对中国 31 个省份 2008~2018 共 11 年的企业环境信息披露质量均值的空间分布特征进行归纳,四个等级按照由低到高划分为低质量区 (0~13)、中低质量区 (13~17)、中高质量区 (17~27) 和高质量区 (27~38),全国 31 省份 CEID 均值等级类型分布从低到高如表 4-9 所示。

表 4-9 2008~2018 年中国 31 个省份企业环境信息披露质量等级排序

省份	CEID							质量等级
	2008 年	2010 年	2012 年	2014 年	2016 年	2018 年	均值	
海南	4.000	10.000	10.000	8.000	5.000	17.000	9.000	低质量区
西藏	2.500	12.500	9.500	9.500	8.000	18.000	10.000	
广东	7.840	11.200	12.760	10.200	12.400	15.040	11.573	
四川	9.522	10.609	11.870	11.348	13.261	15.000	11.935	
江苏	8.000	10.531	10.375	12.500	14.781	16.125	12.052	中低质量区
重庆	12.556	14.889	14.333	11.333	9.111	11.222	12.241	
上海	8.652	11.609	12.130	12.261	14.087	14.957	12.283	
吉林	10.111	12.778	14.889	12.000	10.667	13.778	12.371	
内蒙古	7.833	10.667	10.917	12.583	15.833	16.500	12.389	
湖北	6.867	11.067	13.333	14.400	13.600	15.267	12.422	
山东	8.286	10.286	13.229	13.371	15.457	16.114	12.791	

续表

省份	CEID							质量等级
	2008 年	2010 年	2012 年	2014 年	2016 年	2018 年	均值	
辽宁	9.000	10.857	15.571	11.571	13.000	19.143	13.190	
安徽	9.952	12.714	13.952	12.905	14.762	16.476	13.460	
陕西	8.714	13.857	17.286	11.000	13.286	17.714	13.643	
贵州	9.143	12.857	10.429	13.857	18.571	17.143	13.667	
湖南	11.933	13.800	13.933	13.200	13.000	17.067	13.822	
浙江	7.406	11.406	14.938	14.906	16.031	19.125	13.969	
甘肃	10.000	11.333	11.500	21.000	15.000	15.500	14.056	
江西	8.889	11.222	14.222	16.222	14.667	19.778	14.167	
宁夏	8.000	13.250	12.500	18.750	13.250	19.250	14.167	
新疆	9.308	12.308	15.231	15.077	15.462	18.154	14.257	中低质量区
河北	10.000	12.688	15.375	15.375	14.938	17.938	14.386	
河南	11.250	15.375	14.063	14.250	17.000	17.938	14.979	
广西	10.444	13.222	16.111	16.667	16.111	18.000	15.093	
北京	11.481	14.778	15.333	15.741	16.630	18.889	15.475	
黑龙江	11.500	16.250	15.500	18.750	16.250	16.750	15.833	
天津	15.400	13.600	21.400	11.200	16.000	17.600	15.867	
福建	13.857	14.071	14.429	17.214	18.857	18.500	16.155	
山西	12.353	14.529	14.706	15.824	19.824	19.941	16.196	
青海	11.600	13.200	15.000	15.000	22.800	19.800	16.233	
云南	11.692	15.692	16.077	19.385	17.077	21.462	16.898	

资料来源：笔者根据收集的 2008~2018 年沪深两市 A 股重污染行业上市公司数据整理而得。

从表 4-9 中可以看出，研究期内中国企业环境信息披露质量等级类型空间分布存在差异，全国 31 个省份的平均水平均处于低质量区和中低质量区，具体情况如下。

从等级类型数量上看，低质量区有 4 个（主要分布于西南和华南地区）、中低质量区有 27 个（七大自然分区都有分布）。从 11 年的平均水平来看各省份 CEID 整体较低，没有一个省份处于中高质量区和高质量区。

从等级类型空间分布上看，西藏、四川、广东和海南处于低质量区；重庆、湖北、山东、江苏、内蒙古、吉林、新疆、青海、宁夏、甘肃、陕西、山西、河北、北京、天津、河南、安徽、浙江、江西、湖南、福建、贵州、广西、云南、辽宁和黑龙江处于中低质量区。

2. 区域空间特征分析

为了进一步对中国 31 个省份企业环境信息披露质量在空间上的变化情况进行研究，选取企业环境信息公开政策实施的第一年 2008 年、企业环境信息公开政策得到初步发展的 2012 年（新《环保法》实施之前）、政策不断完善环保意识逐渐增强的 2018 年（新《环保法》实施之后），从区域和省级两个层面进行空间变化趋势分析。

首先，从七大地理分区层面来看，计算出华北、华东、华中、华南、西北、东北、西南区域 2008 年、2012 年和 2018 年的企业环境信息披露质量（见表 4 - 10）。从表 4 - 10 可以看出，七大地理分区的企业环境信息披露质量在空间分布上的变化较大，具体可以分为等级类型的上升和不变三种情况，具体如下：2008 年华北、华东、华中、华南、西北、东北、西南地区全部处于低质量区；2012 年七大地理分区都上升为中低质量区；2018 年华北、华东、西北地区上升为中高质量区，而华中、华南、东北和西南地区等级类型则保持中低质量区不变。值得注意的是，从七大区域角度分析的信息披露质量等级类型没有下降的情况，在 2008 ~ 2018 年七大区域的企业环境信息披露质量都得到了不同程度的上升。

表 4 - 10　　2008 年、2012 年、2018 年七大地理分区企业环境信息披露质量等级空间变化趋势

年份	华北	华东	华中	华南	西北	东北	西南
2008	11. 413	9. 292	10. 017	7. 428	9. 524	10. 204	9. 083
	低质量	低质量	低质量	低质量	低质量	低质量	低质量
2012	15. 546	13. 325	13. 776	12. 957	14. 303	15. 32	12. 442
	中低质量	中低质量	中低质量	中低质量	中低质量	中低质量	中低质量
2018	18. 174	17. 296	16. 757	16. 68	18. 084	16. 557	16. 565
	中高质量	中高质量	中低质量	中低质量	中高质量	中低质量	中低质量

资料来源：笔者根据收集的 2008 年、2012 年、2018 年沪深两市 A 股重污染行业上市公司数据整理而得。

其次，从省级层面计算 2008 年、2012 年和 2018 年 31 个省份企业环境信息披露质量的变化情况（见表 4 - 11）。从表 4 - 11 可以看出，不同年份 31 个省份企业环境信息披露质量因水平不同导致其所属的等级类型空间分布也不同，具体可以分为等级类型的上升和不变两种情况，2008 ~ 2018 年没有企业环境信息披露质量下降的省份，具体如下。

（1）企业环境信息披露质量上升的地区。2012 年与 2008 年相比，企业环境信息披露质量上升的省份分为三种情况：一是从企业环境信息披露质量的低质量区上升演变为中低质量区，有新疆、青海、广西、广东、湖北、湖南、安徽、江西、浙江、河南、山东、河北、北京、上海、云南、四川、宁夏、黑龙江、吉林和辽宁；二是从企业环境信息披露质量的中低质量区上升演变为中高质量区，有天津；三是从企业环境信息披露质量的低质量区上升演变为中高质量区，有陕西。

2018 年与 2012 年相比，企业环境信息披露质量上升的省份分三种情况：一是从企业环境信息披露质量的低质量区上升演变为中低质量区，有内蒙古、江苏、海南和甘肃；二是从企业环境信息披露质量的低质量区上升演变为中高质量区，有西藏、贵州；三是从企业环境信息披露质量的中低质量区上升演变为中高质量区，有北京、河北、山西、浙江、江西、福建、河南、湖南、广西、宁夏、青海、新疆、辽宁和云南。

（2）企业环境信息披露质量不变的地区。2012 年与 2008 年相比，企业环境信息披露质量不变的地区分两种情况：一是企业环境信息披露质量低质量区保持不变，有西藏、贵州、甘肃、内蒙古、江苏和海南；二是企业环境信息披露质量中低质量区保持不变，有山西、福建和重庆。

2018 年与 2012 年相比，企业环境信息披露质量不变的地区有两种情况：一是企业环境信息披露质量中低质量区保持不变，有安徽、上海、山东、湖北、广东、黑龙江、吉林、重庆和四川；二是企业环境信息披露质量中高质量区保持不变，有天津和陕西。

3. 披露内容空间特征分析

根据计算出来的中国 31 个省份历年企业环境信息披露质量，进一步分析其一级指标 2008 年、2012 年和 2018 年的空间变化趋势。依据新《环保法》《企业事业单位环境信息公开暂行办法》等相关政策法规对上

表 4 – 11　　　　2008 年、2012 年、2018 年 31 个省份企业
环境信息披露质量等级空间变化趋势

分区	省份	CEID			分区	省份	CEID		
		2008 年	2012 年	2018 年			2008 年	2012 年	2018 年
华北	北京	11.481	15.333	18.889	华南	广东	7.840	12.760	15.040
		低质量	中低质量	中高质量			低质量	中低质量	中低质量
	天津	15.400	21.400	17.600		广西	10.444	16.111	18.000
		中低质量	中高质量	中高质量			低质量	中低质量	中高质量
	河北	10.000	15.375	17.938		海南	4.000	10.000	17.000
		低质量	中低质量	中高质量			低质量	低质量	中低质量
	山西	12.353	14.706	19.941	西北	陕西	8.714	17.286	17.714
		中低质量	中低质量	中高质量			低质量	中高质量	中高质量
	内蒙古	7.833	10.917	16.500		甘肃	10.000	11.500	15.500
		低质量	低质量	中低质量			低质量	低质量	中低质量
华东	安徽	9.952	13.952	16.476		宁夏	8.000	12.500	19.250
		低质量	中低质量	中低质量			低质量	中低质量	中高质量
	上海	8.652	12.130	14.957		青海	11.600	15.000	19.800
		低质量	中低质量	中低质量			低质量	中低质量	中高质量
	江苏	8.000	10.375	16.125		新疆	9.308	15.231	18.154
		低质量	低质量	中低质量			低质量	中低质量	中高质量
	浙江	7.406	14.938	19.125	东北	黑龙江	11.500	15.500	16.750
		低质量	中低质量	中高质量			低质量	中低质量	中低质量
	江西	8.889	14.222	19.778		吉林	10.111	14.889	13.778
		低质量	中低质量	中高质量			低质量	中低质量	中低质量
	福建	13.857	14.429	18.500		辽宁	9.000	15.571	19.143
		中低质量	中低质量	中高质量			低质量	中低质量	中高质量
	山东	8.286	13.229	16.114	西南	云南	11.692	16.077	21.462
		低质量	中低质量	中低质量			低质量	中低质量	中高质量
华中	河南	11.250	14.063	17.938		重庆	12.556	14.333	11.222
		低质量	中低质量	中高质量			中低质量	中低质量	中低质量
	湖北	6.867	13.333	15.267		四川	9.522	11.870	15.000
		低质量	中低质量	中低质量			低质量	中低质量	中低质量
	湖南	11.933	13.933	17.067		西藏	2.500	9.500	18.000
		低质量	中低质量	中高质量			低质量	低质量	中高质量
						贵州	9.143	10.429	17.143
							低质量	低质量	中高质量

资料来源：笔者根据收集的 2008 年、2012 年、2018 年沪深两市 A 股重污染行业上市公司数据整理而得。

市公司环境信息披露规范的重点，主要涵盖环保方针、环保设施、气候治理、节能减排、三废治理和环保惩罚等内容，本书挑选六项一级指标中的环境管理、环境治理和环境罚款这三项进行空间演变特征分析。31 个省份 2008 年、2012 年和 2018 年三项指标披露情况如表 4 - 12 所示。

表 4 - 12　　　　环境管理、环境治理和环境罚款披露质量变化情况

省份	2008 年			2012 年			2018 年		
	环境管理	环境治理	环境罚款	环境管理	环境治理	环境罚款	环境管理	环境治理	环境罚款
北京	4.852	4.259	0.333	6.444	5.445	0.444	6.111	6.148	1.222
天津	7.600	3.800	0.600	10.400	6.000	0.000	5.200	6.800	1.200
河北	4.813	3.500	0.188	6.375	4.813	0.563	6.250	6.313	1.688
山西	5.588	4.412	0.412	5.529	4.765	1.000	6.529	6.882	1.941
内蒙古	3.750	2.000	0.417	4.833	3.917	0.250	5.083	6.500	1.500
安徽	4.714	3.429	0.143	5.810	4.238	0.286	5.476	6.476	0.714
上海	4.609	2.348	0.087	5.826	3.522	0.130	5.348	5.739	0.522
江苏	3.969	2.438	0.219	5.094	3.375	0.281	5.469	6.281	1.313
浙江	3.532	2.313	0.219	6.563	4.906	0.531	6.469	6.875	1.688
江西	3.667	3.111	0.333	5.556	4.000	1.333	5.778	8.111	2.000
福建	7.071	4.214	0.214	7.071	4.786	0.214	7.000	6.500	0.857
山东	3.886	2.857	0.171	5.800	4.171	0.543	5.171	6.114	1.114
河南	5.188	3.188	0.938	6.250	4.563	0.375	5.500	7.188	1.875
湖北	3.867	1.933	0.267	5.600	3.800	1.400	4.933	5.667	1.200
湖南	5.533	3.867	0.267	5.600	3.867	0.533	5.133	7.400	0.800
广东	4.200	2.120	0.120	5.960	3.400	0.360	5.800	5.600	0.720
广西	5.111	3.111	0.111	4.667	4.667	0.667	5.889	7.222	0.667
海南	2.000	2.000	0.000	4.000	2.000	0.000	7.000	9.000	0.000
陕西	4.000	1.857	0.571	7.000	3.714	1.286	5.857	6.857	0.857
甘肃	3.667	2.833	0.000	5.667	2.667	0.500	5.167	4.500	1.500
宁夏	4.250	2.250	0.000	4.000	4.000	1.500	6.750	7.000	2.250
青海	4.800	3.000	1.200	6.200	4.200	1.200	6.600	6.600	1.800

省份	2008 年			2012 年			2018 年		
	环境管理	环境治理	环境罚款	环境管理	环境治理	环境罚款	环境管理	环境治理	环境罚款
新疆	3.846	3.538	0.231	6.461	5.231	0.692	5.923	6.846	1.154
黑龙江	5.500	3.000	0.000	8.000	4.000	0.000	6.250	7.250	0.750
吉林	4.333	2.778	0.444	5.889	4.000	0.667	4.333	5.333	2.000
辽宁	4.000	2.571	0.857	6.572	3.714	1.286	6.572	7.857	0.857
云南	5.077	4.231	0.308	6.462	5.000	1.154	7.385	7.385	0.923
重庆	3.875	2.750	0.375	6.250	3.375	1.500	4.000	5.125	0.000
四川	4.522	2.913	0.391	5.217	3.609	0.565	5.043	6.000	0.783
西藏	1.000	1.500	0.000	5.500	2.500	0.000	5.000	9.000	1.500
贵州	5.429	3.143	0.000	4.143	3.286	0.429	5.000	8.429	1.000

资料来源：笔者根据收集的 2008 年、2012 年、2018 年沪深两市 A 股重污染行业上市公司数据整理而得。

　　环境管理指标按照由低到高划分为一般性文字披露区（0，3）、详细性文字披露区（3，9）和定量披露区（9，14），空间演变趋势如表 4－13 所示。从表 4－13 中可以看出，全国 31 个省份环境管理指标在 2008 年、2012 年和 2018 年的平均值呈现先增长、后下降的总趋势，但是三年的平均值都处于详细性文字披露水平。一是 2008～2012 年共有 27 个省市环境管理质量上升，3 个省市环境管理质量下降，其余 1 个省市质量不变。其中西藏自治区环境管理指标从一般性文字披露水平上升为详细性文字披露水平，天津市环境管理指标从详细性文字披露水平上升为定量披露水平，其余 29 个省份的环境管理指标等级水平不变，截至 2012 年，全国只有一个城市达到定量披露，详细性文字披露水平达到全覆盖；二是 2012～2018 年共有 21 个省份的环境管理质量呈现下降趋势，8 个省份继续呈上涨趋势，1 个省份质量不变。值得注意的是，天津作为 2012 年唯一达到定量披露水平的省级行政区，也在 2018 年降为详细性文字披露水平，截至 2018 年，全国 31 个省份环境管理指标全部为详细性文字披露水平，详细性文字披露率为 100%，但定量披露率为 0。

表 4 - 13　　　　2008 年、2012 年、2018 年 31 个省份环境管理
披露等级空间变化趋势

省份	2008 年	2012 年	2018 年	省份	2008 年	2012 年	2018 年
北京	4.852 详细定性	6.444 详细定性	6.111 详细定性	广东	4.200 详细定性	5.960 详细定性	5.800 详细定性
天津	7.600 详细定性	10.400 定量	5.200 详细定性	广西	5.111 详细定性	6.000 详细定性	5.889 详细定性
河北	4.813 详细定性	6.375 详细定性	6.250 详细定性	海南	2.000 详细定性	4.000 详细定性	7.000 详细定性
山西	5.588 详细定性	5.529 详细定性	6.529 详细定性	陕西	4.000 详细定性	7.000 详细定性	5.857 详细定性
内蒙古	3.750 详细定性	4.833 详细定性	5.083 详细定性	甘肃	3.667 详细定性	5.667 详细定性	5.167 详细定性
安徽	4.714 详细定性	5.810 详细定性	5.476 详细定性	宁夏	4.250 详细定性	4.000 详细定性	6.750 详细定性
上海	4.609 详细定性	5.826 详细定性	5.348 详细定性	青海	4.800 详细定性	6.200 详细定性	6.600 详细定性
江苏	3.969 详细定性	5.094 详细定性	5.469 详细定性	新疆	3.846 详细定性	6.461 详细定性	5.923 详细定性
浙江	3.532 详细定性	6.563 详细定性	6.469 详细定性	黑龙江	5.500 详细定性	8.000 详细定性	6.250 详细定性
江西	3.667 详细定性	5.556 详细定性	5.778 详细定性	吉林	4.333 详细定性	5.889 详细定性	4.333 详细定性
福建	7.071 详细定性	7.071 详细定性	7.000 详细定性	辽宁	4.000 详细定性	6.572 详细定性	6.572 详细定性
山东	3.886 详细定性	5.800 详细定性	5.171 详细定性	云南	5.077 详细定性	6.462 详细定性	7.385 详细定性
河南	5.188 详细定性	6.250 详细定性	5.500 详细定性	重庆	3.875 详细定性	6.250 详细定性	4.000 详细定性
湖北	3.867 详细定性	5.600 详细定性	4.933 详细定性	四川	4.522 详细定性	5.217 详细定性	5.043 详细定性
湖南	5.533 详细定性	5.600 详细定性	5.133 详细定性	西藏	1.000 一般定性	5.500 详细定性	5.000 详细定性
				贵州	5.429 详细定性	4.143 详细定性	5.000 详细定性

　　资料来源：笔者根据收集的 2008 年、2012 年、2018 年沪深两市 A 股重污染行业上市公司数据整理而得。

环境管理指标涵盖环保投资、企业资源管理信息系统 ERP、环保专利、定期披露环境报告、环保方针、ISO14000 等环境认证、环保设施和环保培训等八项二级指标，这些指标中大部分均为容易披露的硬性指标，即环境信息公开早期企业披露的环境信息内容。随着政策的不断深入，政府对企业披露的环境信息方向有了明确改变，要求披露具体污染物排放和污染防治设施的建设等，披露的信息更加具体，披露的方向侧重环境治理指标，因而近几年环境管理指标被忽视呈现下降态势。

环境治理指标按照由低到高划分为一般性文字披露区（0，3）、详细性文字披露区（3，6）和定量披露区（6，9），空间演变趋势如表 4 - 14 所示。从表 4 - 14 中可以看出，全国 31 个省份环境治理指标从 2008 年到 2018 年呈现持续上涨的总趋势。第一，2008 ~ 2012 年，全国 31 个省份中没有一个环境治理指标达到定量披露水平，截至 2012 年全国共有 28 个省份为详细性文字披露水平，其余 3 个省份为一般性文字披露水平，详细性文字披露概率达到 90%。这五年中有 15 个省份的环境治理指标从一般性文字披露水平上升为详细性文字披露水平，其余 16 个省份的等级水平不变。第二，2012 ~ 2018 年，全国 31 个省份环境治理指标全部处于详细性文字披露水平以上，截至 2018 年共有 24 个省份的环境治理指标达到最高披露等级——定量披露水平，定量披露概率达到 80%。其中，6 个省份的环境治理指标维持详细性文字披露水平不变，其余 25 个省份中的 24 个全部上升为定量披露水平，甘肃省从一般性文字披露水平上升为详细性文字披露水平。

环境治理指标涵盖气候治理、节能减排和三废治理这三项二级指标，从 2012 年后陆续颁布了几项重要环境信息公开法规，如新《环保法》、《企业事业单位环境信息公开暂行办法》和《公开发行证券的公司信息披露内容与格式准则第 2 号——年度报告的内容与格式》等都明确规定了重点排污单位强制披露具体污染物的排放情况和超标情况，即节能减排指标衡量的信息。而且雾霾成为困扰经济社会发展和人们追求美好生活的瓶颈，区域性大气污染的治理成为近年来的重点工作，因此，对于重点排污单位的气候治理和废气处置相关信息披露也成为企业环境信息

表 4 – 14　　　　　　2008 年、2012 年、2018 年 31 个省份环境治理
披露等级空间变化趋势

省份	2008 年	2012 年	2018 年	省份	2008 年	2012 年	2018 年
北京	4.259 详细定性	5.445 详细定性	6.148 定量	广东	2.120 一般定性	3.400 详细定性	5.600 详细定性
天津	3.800 详细定性	6.000 详细定性	6.800 定量	广西	3.111 详细定性	4.667 详细定性	7.222 定量
河北	3.500 详细定性	4.813 详细定性	6.313 定量	海南	2.000 一般定性	2.000 一般定性	9.000 定量
山西	4.412 详细定性	4.765 详细定性	6.882 定量	陕西	1.857 一般定性	3.714 详细定性	6.857 定量
内蒙古	2.000 一般定性	3.917 详细定性	6.500 定量	甘肃	2.833 一般定性	2.667 一般定性	4.500 详细定性
安徽	3.429 详细定性	4.238 详细定性	6.476 定量	宁夏	2.250 一般定性	4.000 详细定性	7.000 定量
上海	2.348 一般定性	3.522 详细定性	5.739 详细定性	青海	3.000 一般定性	4.200 详细定性	6.600 定量
江苏	2.438 一般定性	3.375 详细定性	6.281 定量	新疆	3.538 详细定性	5.231 详细定性	6.846 定量
浙江	2.313 一般定性	4.906 详细定性	6.875 定量	黑龙江	3.000 一般定性	4.000 详细定性	7.250 定量
江西	3.111 详细定性	4.000 详细定性	8.111 定量	吉林	2.778 一般定性	4.000 详细定性	5.333 详细定性
福建	4.214 详细定性	4.786 详细定性	6.500 定量	辽宁	2.571 一般定性	3.714 详细定性	7.857 定量
山东	2.857 一般定性	4.171 详细定性	6.114 定量	云南	4.231 详细定性	5.000 详细定性	7.385 定量
河南	3.188 详细定性	4.563 详细定性	7.188 定量	重庆	2.750 一般定性	3.375 详细定性	5.125 详细定性
湖北	1.933 一般定性	3.800 详细定性	5.667 详细定性	四川	2.913 一般定性	3.609 详细定性	6.000 详细定性
湖南	3.867 详细定性	3.867 详细定性	7.400 定量	西藏	1.500 一般定性	2.500 一般定性	9.000 定量
				贵州	3.143 详细定性	3.286 详细定性	8.429 定量

资料来源：笔者根据收集的 2008 年、2012 年、2018 年沪深两市 A 股重污染行业上市公司数据整理而得。

公开监察的重点。从环境治理指标的空间分布图可以看出，截至 2018 年环境治理指标是所有一级指标中定量披露率最高的，是企业信息披露工作做得比较好的方面，这也说明政府颁布的环境信息公开相关政策起到了有效的促进作用。

环境罚款指标按照由低到高划分为一般性文字披露区（0，1）、详细性文字披露区（1，2）和定量披露区（2，3），空间演变趋势如表 4 – 15 所示。从表 4 – 15 中可以看出，全国 31 个省份环境罚款指标从 2008 年到 2018 年也呈现持续上涨的总趋势。一是 2008 ~ 2012 年，全国共有 4 个省份环境罚款指标从无披露上升为一般性文字披露或详细性文字披露水平，有 6 个省份从一般性文字披露水平上升为详细性文字披露水平，值得指出的是，天津市是唯一一个从一般性文字披露水平下降为无披露的地区，西藏、黑龙江和海南省始终保持无披露水平，青海省始终保持为详细性文字披露水平，其余 16 个省市的环境罚款指标在五年期间均为一般性文字披露水平；二是 2012 ~ 2018 年，全国共有 11 个省份的环境罚款指标从一般性文字披露水平上升为详细性文字披露水平，宁夏回族自治区从详细性文字披露水平上升为定量披露水平，值得注意的是，陕西省、重庆市、云南省和辽宁省从详细性披露水平下降为一般性文字披露水平或者无披露水平。截至 2018 年，全国共有 16 个省份环境罚款指标达到详细性披露水平，详细性披露率达到 50% 以上，但达到定量披露水平的省市只有宁夏回族自治区一个，定量披露率仅为 3%。

环境罚款指标衡量的是环保罚款赔偿，主要包括"排污费""恢复治理金"，以及环境相关的"治理金"或"补偿金"。近年来除了环境信息公开相关政策中规定企业在污染治理方面的投入以及污染罚款等，还针对排污费和污染治理金等专门出具政策依据，如 2018 年环境保护部发布的《排污许可管理办法（试行）》，强调排污单位发生异常情况时如果及时报告，且主动采取措施消除或者减轻违法行为危害后果的，应依法从轻处罚。从环境罚款的空间分布图可以看出，相关政策法规起到了有效的促进作用，改善了企业对环境罚款方面的信息披露，督促企业牢记社会责任。

表 4 – 15　　　2008 年、2012 年、2018 年 31 个省份环境罚款披露等级空间变化趋势

省份	2008 年	2012 年	2018 年	省份	2008 年	2012 年	2018 年
北京	0.333 一般定性	0.444 一般定性	1.222 详细定性	广东	0.120 一般定性	0.360 一般定性	0.720 一般定性
天津	0.600 一般定性	0.000 无	1.200 详细定性	广西	0.000 无	0.667 一般定性	0.667 一般定性
河北	0.188 一般定性	0.563 一般定性	1.688 详细定性	海南	0.000 无	0.000 无	0.000 无
山西	0.412 一般定性	1.000 一般定性	1.941 详细定性	陕西	0.571 一般定性	1.286 详细定性	0.857 一般定性
内蒙古	0.417 一般定性	0.250 一般定性	1.500 详细定性	甘肃	0.000 无	0.500 一般定性	1.500 详细定性
安徽	0.143 一般定性	0.286 一般定性	0.714 一般定性	宁夏	0.000 无	1.500 详细定性	2.250 定量
上海	0.087 一般定性	0.130 一般定性	0.522 一般定性	青海	1.200 详细定性	1.200 详细定性	1.800 详细定性
江苏	0.219 一般定性	0.281 一般定性	1.313 详细定性	新疆	0.231 一般定性	0.692 一般定性	1.154 详细定性
浙江	0.219 一般定性	0.531 一般定性	1.688 详细定性	黑龙江	0.000 无	0.000 无	0.750 一般定性
江西	0.333 一般定性	1.333 详细定性	2.000 详细定性	吉林	0.444 一般定性	0.667 一般定性	2.000 详细定性
福建	0.214 一般定性	0.214 一般定性	0.857 一般定性	辽宁	0.857 一般定性	1.286 详细定性	0.857 一般定性
山东	0.171 一般定性	0.543 一般定性	1.114 详细定性	云南	0.308 一般定性	1.154 详细定性	0.923 一般定性
河南	0.938 一般定性	0.375 一般定性	1.875 详细定性	重庆	0.375 一般定性	1.500 详细定性	0.000 无
湖北	0.267 一般定性	1.400 详细定性	1.200 详细定性	四川	0.391 一般定性	0.565 一般定性	0.783 一般定性
湖南	0.267 一般定性	0.533 一般定性	0.800 一般定性	西藏	0.000 无	0.000 无	1.500 详细定性
				贵州	0.000 无	0.429 一般定性	1.000 一般定性

资料来源：笔者根据收集的 2008 年、2012 年、2018 年沪深两市 A 股重污染行业上市公司数据整理而得。

4.4.3　企业环境信息披露质量的时空演进特征

本章对沪深两市 A 股重污染行业 434 家上市公司 2008～2018 年的企业环境信息披露质量从时间和空间两个方面进行了特征分析,重点剖析了全样本、分区域、分披露内容等角度。综上所述,我国企业环境信息披露质量的时空演进特征如下。

第一,企业环境信息披露质量区域的时空演进特征整体呈现从西部向东部拓展和延伸,从北部向南部拓展和延伸。沪深两市全样本重污染行业上市公司 2008～2018 年企业环境信息披露质量从时间和空间角度都得到了显著提升。从全国三大经济分区的空间分布可以看出,西部和东部省份企业环境信息披露质量的提升速度快于中部省份,细分到七大地理分区则是华南地区提升速度最快,华北地区提升速度最慢。但综合 2008～2018 年平均披露质量得出,北部整体披露质量优于南部。

华北和华东地区的重污染行业上市公司数量占据全样本的近 60%,是环境信息公开政策监督的重点区域。而且华北和华东地区的经济发展水平较高,企业、政府和公众对环境保护责任的意识起步较早,因而华东和华北相对西南和华南地区企业的环境信息披露质量较高;西南和华南地区样本企业较少,环境信息披露质量起步较低,但企业数量少的优点是易于政府的监督管理,而且西南和华南地区企业还受到其东部和北部企业空间溢出效应的影响,因而整体披露质量提升速度较快。

第二,企业环境信息披露内容的时空演进特征整体呈现随着相关政策法规侧重点的变化而变化。企业环境信息披露质量的六个一级指标在 2008～2018 年整体都呈现增长趋势,但指标质量发展不平衡。2008～2012 年,环境管理指标是披露内容中发展速度较快且披露水平较高的,截至 2018 年,质量发展较好的指标是环保设施、气候治理、节能减排、三废治理和环保补贴,其中气候治理、节能减排、三废治理代表环境治理指标,而其他 11 项指标仍处于较低水平。

企业环境信息披露内容的侧重点从环境管理类指标演变为环境治理类指标,这跟新《环保法》的颁布密不可分。在 2015 年新《环保法》实施之前，环境治理和环境罚款指标披露质量较低，且披露等级提升速度较慢；但 2015 年后环保设施、气候治理、节能减排、三废治理等指标得到飞速发展，截至 2018 年成为披露质量最高的指标。一方面，新《环保法》第五章整章为信息公开与公众参与内容，具体规定了重点排污单位应当向社会公开其主要污染物的名称、排放方式、排放浓度和总量、超标排放情况，这是环境治理指标的内容，还规定了防治污染设施的建设和运行情况，这正是环保设施指标涵盖的内容；另一方面，习近平总书记在 2005 年首次提出"绿水青山就是金山银山"的科学论断①；2017 年在党的十九大报告中指出，"坚持人与自然和谐共生，坚持绿水青山就是金山银山的理念，坚持节约资源和保护环境的基本国策"②；2022 年在党的二十大报告中延续绿色发展思想，提出"必须牢固树立和践行绿水青山就是金山银山的理念"③，站在人与自然和谐共生的高度谋划发展，进一步从纲领层面强调了节约资源、保护环境、完善环境信息公开的重要性，因而使得企业环境信息披露质量在政策实施后得到快速提升。

① 绿水青山就是金山银山 [EB/OL], 新华网, http://www. xinhuanet. com/politics/szzsyzt/lsqs2017/index. htm.
② 决胜全面建成小康社会 夺取新时代中国特色社会主义伟大胜利——在中国共产党第十九次全国代表大会上的报告 [EB/OL]. 人民网, https://www. gov. cn/zhuanti/2017 – 10/27/content_5234876. htm, 2017 – 10 – 18.
③ 高举中国特色社会主义伟大旗帜 为全面建设社会主义现代化国家而团结奋斗——在中国共产党第二十次全国代表大会上的报告 [EB/OL]. 人民网, https://www. gov. cn/xinwen/2022 – 10/25/content_5721685. htm, 2022 – 10 – 25.

第五章　企业环境信息披露质量的影响因素

在对 2008～2018 年沪深两市 A 股重污染行业上市公司环境信息披露质量时空演进特征分析的基础上，本章对企业环境信息披露质量的重要影响因素进行分析。在过去 20 年学术界对企业环境信息披露质量的研究中，影响因素的研究占据多数，主要分为内部因素和外部因素两方面，内部因素包括公司特征、公司治理、公司社会责任等，外部因素主要包括政府政策、社会压力、媒体舆论等。本书从企业环境信息披露各博弈方角度出发，选取政府政策、企业内部因素、社会压力这三大影响因素，从内外部全面分析政府、企业和社会三方博弈主体对企业环境信息披露质量的影响作用。

5.1　政府对企业环境信息披露质量的影响

5.1.1　我国企业环境信息披露政策的发展演进

上市公司环境信息披露是我国推进信息公开、实现绿色生态发展的关键一步，尤其是重污染行业上市公司的环境信息披露质量，牵动着全社会环境保护工作的发展。我国企业环境信息公开制度起步较晚，至今发展演进有 20 年之久。随着社会、政府、公众对环境保护问题的持续关注，国家环境保护总局（2008 年之前）、环境保护部（2008～2018 年）、生态环境部（2018 年起）、证监会等相关部门陆续出台了一系列规章制度，如表 5－1 所示。

表 5－1　　　　　　　　　　企业环境信息披露政策

公布时间	规范文件	发布机构
2001 年 9 月	《关于做好上市公司环保情况核查工作的通知》，要点：重污染企业环保核查	国家环境保护总局

公布时间	规范文件	发布机构
2002 年 1 月	《上市公司治理准则》，要点：除强制披露信息外，要求企业主动披露社会责任的信息	证监会
2003 年 11 月	《关于企业环境信息公开的公告》，要点：规定了企业信息公开的范围和方式，"必须"和"自愿"公开环境信息的内容	国家环境保护总局
2005 年 12 月	《国务院关于落实科学发展观，加强环境保护的决定》，要点：实行信息资源共享机制	国务院
2006 年 9 月	《上市公司社会责任指引》，要点：自愿披露公司社会责任报告，规定了社会责任报告应该包含的内容	深圳证券交易所
2007 年 1 月	《上市公司信息披露管理办法》，要点：规范了定期报告内容、临时报告内容以及发行人、披露义务人和上市公司行为	证监会
2007 年 4 月	《环境信息公开办法（试行）》，要点：企业环境信息披露的内容和方式初步标准化	国家环境保护总局
2007 年 6 月	《节能减排综合性工作方案》，要点：强化环保核查	国务院
2007 年 8 月	《关于进一步规范重污染行业生产经营公司申请上市或再融资环境保护核查工作的通知》，要点：环保核查工作由国家环保总局负责，省级环保局（厅）配合工作	国家环境保护总局
2008 年 2 月	《关于加强上市公司环保监管工作的指导意见》，要点：健全环保核查专家审议机制；重大事件的界定；建立上市公司环境绩效评估信息系统	国家环境保护总局
2008 年 5 月	《上市公司环境信息披露指引》，要点：鼓励披露年度社会责任报告，以及披露的程序要求	上海证券交易所
2008 年 6 月	《上市公司环保核查行业分类管理名录》，要点：明确 14 类核查行业	国家环境保护总局
2010 年 9 月	《上市公司环境信息披露指南》，要点：重污染行业企业年度环境报告参考提纲，临时报告应在 1 天内发布	环境保护部
2011 年 3 月	《环境保护政府信息公开工作 2010 年度报告》，要点：规范企业环境信息公开行为，政府信息主动公开	环境保护部
2012 年 10 月	《关于进一步加强环境保护信息公开工作的通知》，要点：政府规范信息公开工作	环境保护部

公布时间	规范文件	发布机构
2013 年 7 月	《国家重点监控企业自行监测及信息公开办法（试行）》，要点：重点监控企业，自行监测内容设定	环境保护部
2013 年 12 月	《企业环境信用评价办法（试行）》，要点：规定应纳入环境信用评价范围的企业，提出评价等级、指标、程序、结果共享	环境保护部
2014 年 10 月	《企业信息公示暂行条例》，要点：企业未如期公示年度报告或信息不实将入"黑名单"，政府采购将对"黑名单"企业限制或禁入	国务院
2015 年 1 月	新《环保法》，要点：中国环境领域的"基本法"，完成了 25 年来的首次修订	全国人大
2015 年 1 月	《企业事业单位环境信息公开办法》，要点：建立企业事业单位环境行为信用评价制度，确定重点排污单位名录，重点排污单位还应当公开其环境自行监测方案	环境保护部
2015 年 7 月	《中小企业板信息披露业务第 9 号重大经营环境变化》，要点：重大经营环境变化的内容和披露原则	深圳证券交易所
2015 年 12 月	《关于加强企业环境信用体系建设的指导意见》，要点：2020 年企业环境信用制度基本形成，明确企业环境信用记录的信息范围，完善企业环境信用评价制度	环境保护部、国家发改委
2017 年 12 月	《公开发行证券的公司信息披露内容与格式准则第 2 号——年度报告的内容与格式》，要点：披露具体排污信息、环境自行监测方案等	证监会
2018 年 1 月	《排污许可管理办法（试行）》，要点：排污单位在全国排污许可证管理信息平台上填报、编制排污许可证执行报告	环境保护部
2018 年 9 月	《上市公司治理准则》，要点：修订信息披露与透明度内容，贯彻绿色发展理念	证监会
2018 年 12 月	《上市公司行业信息披露指引第四号——电力》，要点：电力相关业务的企业年度报告和临时报告披露内容	上海证券交易所

资料来源：笔者根据政府文件整理而得。

　　我国最早发布的关于上市公司环境信息公开的文件是国家环保总局于 2001 年发布的《关于做好上市公司环保情况核查工作的通知》。2003

年的《关于企业环境信息公开的公告》是我国第一份关于企业环境信息披露的单独文件,它要求企业公开的有关数据应有 3 年的连续性,但对于具体披露的项目缺乏具体解释。2007 年的《环境信息公开办法(试行)》是企业环境信息披露开始走向正规化的标志,但仅为试行版本,也没有要求重污染行业上市公司强制信息披露。2008 年 5 月,由上海证券交易所发布的《上市公司环境信息披露指引》,在《环境信息公开办法(试行)》的基础上详细约定了上证板块企业披露环境信息的程序,强调了 16 类重污染行业的上市公司应当进行环境信息公开,标志着我国企业环境信息披露制度的进一步发展。

2010 年 9 月,环境保护部发布的《上市公司环境信息披露指南》,首次规定了重污染行业上市公司在年度环境报告中必须披露的内容,如重大环境事件发生情况、污染物排放情况;并提出了鼓励披露的内容,如经营者的环保理念等,环境信息披露质量得到了实质提升。2015 年 1 月实施的《企业事业单位环境信息公开办法》是对新《环保法》的延续,针对前期重点排污单位名录比较随意的现象,该办法明确了重点排污单位名录的确定标准,明确重点排污单位强制公开环境信息的义务。2015 年 12 月的《关于加强企业环境信用体系建设的指导意见》目标是到 2020 年基本形成我国企业环境信用制度。2017 年 12 月,证监会公布《公开发行证券的公司信息披露内容与格式准则第 2 号——年度报告的内容与格式》,明确指出属于环境保护部门公布的重点排污单位必须披露以下环境信息:排污情况、防治污染设施情况、环境监测方案、突发环境事件应急预案、建设项目环境评价及行政许可情况等。2018 年 9 月,证监会进一步发布了《上市公司治理准则》,其中第 95 条规定指出,上市公司应当按照规定披露环境信息。

一系列的环境信息披露法规文件的颁布标志着我国企业环境信息披露的内容不断明确,披露的方式不断完善以及国家和社会对环境会计立法的重视程度。但我国企业环境信息披露的相关政策仍有很大改进空间,例如很多标志性的文件只停留在指南、试行、征求意见稿的阶段,并没有形成正式文件;企业环境信用制度的建立,并没有形成强制性的政策法规,只是指导意见;虽然披露的项目数量在不断增加,但具体每一项的解释还很欠缺等。20 年间，随着环境信息披露制度的不断发展，我国企业环境信息披露质量不断提升，但上述政策法规带来的提升效果是否真的显著？也就是说，我国企业环境信息披露质量的提升是否来源于政策法规的颁布？本节运用政策效果评估工具 DID 双重差分法分别检验2010 年的《上市公司环境信息披露指南》和2015 年的《企业事业单位环境信息公开办法》对企业环境信息披露质量的"净效应"，检验不同时期环境信息公开政策的有效性。

5.1.2 《上市公司环境信息披露指南》政策效果评估

《上市公司环境信息披露指南（征求意见稿）》（以下简称《指南》）于 2010 年 9 月由环境保护部发布，首次规定了 16 类重污染行业上市公司发布年度环境报告，定期披露与企业生产经营有关的环境信息，并从向政府部门汇报到向公众披露信息，《指南》的颁布是环境信息公开领域里程碑式的标志。从《指南》颁布以来，学者们对其影响的研究不计其数，但大都使用常规回归法检验其时间特征，本书希望通过倾向得分匹配双重差分法来检验《指南》的净效应，检验其去除时间效应外的有效性。

政策影响评估是现代政府管理的一项先进技术手段，便于政策的筛选、追踪与完善。双重差分法是该领域广泛使用的一种影响评估方法，可以有效地避免环境政策问题的内生性和遗漏变量等问题，准确识别政策与治理目标之间的因果关系。本书运用我国 2009 ~ 2012 年沪深 A 股重污染行业上市公司年度报告数据，选择796 个处理组和348 个控制组样本进行准自然实验研究，评估《上市公司环境信息披露指南》政策的有效性。

1. 研究设计

（1）数据选取。《上市公司环境信息披露指南》是我国环境信息披露制度发展以来的首个有重要标志意义的政策，可以评估早期政策的影响作用，为避免与前后政策在数据处理上的干扰，选取《指南》实施前后4 年（2009 ~ 2012 年）间490 家沪深两市 A 股重污染行业上市公司为原始样本，筛选其中属于重点排污单位名录内的上市公司样本作为政策干预的处理组，其余非重点排污单位的样本作为控制组。由于重点排污单位名录每年都不相同，剔除掉这期间前后不一致的样本，同时还剔除了 *ST、ST、相关数据缺失以及样本期间退市或业务转型为非重污染行业的样本，最终得到了 286 家样本企业，1144 个观测值。样本筛选情况如表 5-2 所示。

表 5-2　　　　　2009～2012 年样本上市公司筛选情况

项目	原始样本	剔除后样本
	2009～2012 年	2009～2012 年
处理组（重点排污单位）	912	796
控制组（非重点排污单位）	1048	348
公司总数	1960	1144

资料来源：笔者根据收集的 2009～2012 年沪深两市 A 股重污染行业上市公司数据整理而得。

（2）模型构建。双重差分法又称为倍差法，是用来进行政策影响评估、制度绩效评估和项目评价等的一种方法。通常选择一组未受到政策影响的地区或个体作为控制组，而将受到政策影响的地区或个体作为处理组，控制组在政策实施前后的差异可以视为纯粹的时间效应，将处理组的前后变化减去控制组的前后变化即可得到政策的"净效应"。近年来，越来越多的学者开始用双重差分法进行政策影响评估的研究。陈璇和钱维（2018）以新《环保法》为政策依托，运用双重差分法评估了市场结构和政治关联对新《环保法》提升企业环境信息披露质量的影响，唐国平和刘忠全（2019）采用双重差分法研究了《环境保护税法》对提高企业环境信息披露质量的影响。

双重差分法检验政策效应需要满足两个假设条件：一是平行趋势假设，即企业环境信息披露质量随时间的变化趋势在处理组企业和控制组企业应该是相同的，保证控制组可以作为处理组的反事实场景；二是假设试点项目的实施是随机的，与误差项无关，因为《指南》实施对象重点排污单位名录由政府发布，在一定程度上是强制性的，一个上市公司是否被选为监察对象并不依赖于公司本身，主要取决于该企业是否被纳入重点排污单位名录，所以政策是外生的，不存在内生性问题，故研究符合此假设。

　　将《指南》看成一项准自然实验的政策干预，处理组（T）为重点排污单位名录里的企业，控制组（C）为没有纳入该名录的企业。同时，为了避免处理组与控制组的本身差异问题以及可能存在的反向因果问题，首先采用倾向得分匹配法（propensity score matching），匹配出与处理组相近似的控制组，尽可能满足两组样本的同质性和随机性假设，解决样本选择偏误问题；然后基于匹配后的样本，利用双重差分模型估计该项政策干预对环境信息披露质量的影响作用。为了检验重点排污单位在政策干预后环境信息披露质量的整体提升情况，双重差分模型（5－1）设定如下：

$$\text{CEID}_{it} = \alpha_0 + \alpha_1 \text{Policy}_{it} \times \text{Time}_{it} + \lambda \sum \text{Control}_{it} + \mu_i + \tau_t + \varepsilon_{it} \quad (5-1)$$

　　其中，CEID_{it} 代表 i 公司在第 t 年的环境信息披露质量；Policy_{it} 是《指南》政策的虚拟变量，处理组取 1，控制组取 0；Time_{it} 为政策时间变量，政策实施之后的年份取 1，实施之前取 0；交乘项 $\text{Policy}_{it} \times \text{Time}_{it}$ 是考察《指南》是否提升环境信息披露质量的核心解释变量，α_1 是交乘项的回归系数，也是双重差分模型重点考察的处理效应，若显著为正，则表明该政策能显著提高重点排污单位的环境信息披露质量；Control_{it} 为一系列控制变量；μ_i 是上市公司个体固定效应，τ_t 是时间固定效应；ε_{it} 为随机干扰项；α_0 为截距项。

　　企业环境信息披露质量的指标选取通常涵盖企业环境管理的各个方面，但大致可分为硬指标和软指标两种类型，硬指标是指容易被衡量的、有具体的数据或定额的指标；软指标只是有一定的范围或幅度，没有固定评定要求的指标。为了识别政策干预后两种不同类型的指标在质量上的改变，构建模型如下：

$$\text{HARD}_{it} = \alpha_0 + \alpha_1 \text{Policy}_{it} \times \text{Time}_{it} + \lambda \sum \text{Control}_{it} + \mu_i + \tau_t + \varepsilon_{it} \quad (5-2)$$

$$\text{SOFT}_{it} = \alpha_0 + \alpha_1 \text{Policy}_{it} \times \text{Time}_{it} + \lambda \sum \text{Control}_{it} + \mu_i + \tau_t + \varepsilon_{it} \quad (5-3)$$

　　其中，HARD_{it} 和 SOFT_{it} 分别代表 i 公司在第 t 年硬指标和软指标披露的质量。若模型（5－2）和模型（5－3）中交乘项系数 α_1 显著为正，则说明在政策干预后硬指标和软指标的质量得到显著提高。

　　（3）变量选取。被解释变量：企业环境信息披露质量（简称 CEID）。具体包括环保投资、企业资源管理信息系统、环保专利、定期披露环境报告、气候治理、资源效能、环保目标、环境认证、节能减排、三废治理、环保设施、环保培训、环保罚款、环保效益、环保奖励和其他环境支出 16 项等权指标。其中，环保投资、企业资源管理信息系统、环保专利以及定期披露环境报告 4 项均为 0～1 打分制，即环境报告中这四项如果有披露则打分 1，哪一项没有披露则那项打分 0。其余 12 项按照未披露、一般性披露、详细性披露和定量披露四个维度，分别赋值为 0、1、2、3 分。基于我国企业环境信息披露的内容缺乏具体数据信息，所以本书依据企业对环境信息的文字描述详细程度进行打分，描述内容越多越详细，则表明企业环境信息披露的质量越高。未披露打分 0，一般性披露表示文字描述在三行以内的打分 1，详细性披露表示文字描述在三行以上的打分 2，有数值信息则为定量披露，也是最为详细的环境信息披露打分 3。综上所述，每个具体指标的最小值是 0，最大值是 3，各项取值求和得出每个企业的 CEID 总分；硬指标（HARD）、软指标（SOFT），基于硬、软指标的评定标准，企业环境信息披露质量的 16 项指标中的环保投资、企业资源管理信息系统、环保专利、定期披露环境报告、气候治理、环境认证、节能减排、三废治理、环保罚款、环保奖励和其他环境支出 11 项等权指标取值之和为硬指标数值；其余资源效能、环保目标、环保设施、环保培训和环保效益 5 项指标取值之和为软指标数值。

核心解释变量：Policy$_{it}$ × Time$_{it}$ 交乘项，表示 2011 年后上市公司是否实施了《指南》，即是重点排污单位。如果属于实施该政策的企业取值 1，反之为 0。

控制变量：以往研究发现企业特征、高管特征和公司治理等因素会影响企业环境信息披露质量（张国清和肖华，2016；王帆和倪娟，2016），因此选取公司规模（SIZE）、所有权性质（STATE）、政治关联度（PC）、股权集中度（FIRST）、两职合一（DUAL）以及董事会独立性（INDEP）6 个变量作为模型的控制变量。

倾向得分匹配协变量：借鉴已有研究（郑建明和许晨曦，2018；武恒光和王守海，2016），挑选本年度排污费数额（PWF）作为倾向性得分匹配的依据。所有变量的定义和取值如表 5-3 所示。

表 5 – 3　　　　　　　　　　　主要变量符号与定义

变量类型	变量符号	变量名称	变量含义
被解释变量	CEID	企业环境信息披露质量	16 项指标打分求和
	HARD	硬指标	11 项指标打分求和
	SOFT	软指标	5 项指标打分求和
解释变量	$Policy_{it} \times Time_{it}$	双重差分项	政策变量与时间变量的乘积
控制变量与 PSM 协变量	SIZE	公司规模	上市公司的子公司数量
	STATE	所有权性质	国有企业为 1，否则为 0
	FIRST	股权集中度	第一大股东持股比例（%）
	PC	政治关联度	有政治背景的高管人数占高管总人数的比率
	DUAL	两职合一	董事长与总经理兼任取 1，否则为 0
	INDEP	董事会独立性	独立董事的人数
	PWF	排污费数额	（本年度所缴纳的排污费数额 +1）的自然对数值

资料来源：笔者根据收集的 2009～2012 年沪深两市 A 股重污染行业上市公司数据整理而得。

2. 实证分析

（1）倾向得分匹配（PSM）。在双重差分之前首先对处理组和控制组进行倾向得分匹配，消除组别之间的干扰因素，以便对两组数据进行更合理的比较。将 2009～2012 年的 796 个重点排污单位作为处理组，348 个非重点排污单位作为控制组，以公司规模（SIZE）、所有权性质（STATE）、股权集中度（FIRST）、两职合一（DUAL）和排污费数额（PWF）5 个可观测变量作为匹配协变量。运用 logit 模型估计倾向得分，考虑到数据存在样本偏少等问题，采用有放回的核匹配法（kernel matching）确定各个协变量的权重，施加共同支持条件（common support），匹配后得到的样本数与全样本数一致。表 5 – 4 报告了 PSM 平衡性检验结果，在匹配前，处理组和控制组的公司规模（SIZE）、所有权性质（STATE）、股权集中度（FIRST）以及本年度排污费数额（PWF）均存在显著差异（p 值均小于 0.1），匹配后，上述 5 个变量的差异性显著下降；两职合一（DUAL）匹配前后的 p 值都大于 0.1，不存在显著差异。结果显示选取的协变量较为合适，核匹配方法恰当。此时，处理组与控制组在政策干预前具有基本一致的特征。

表 5 – 4　　　　　　　倾向得分匹配平衡性检验

变量	匹配前后	处理组均值	控制组均值	t 值	p 值
SIZE	匹配前	12.128	8.029	3.94 ***	0.000
	匹配后	12.128	11.735	0.46	0.645
STATE	匹配前	0.698	0.494	4.76 ***	0.000
	匹配后	0.698	0.736	− 1.19	0.236
FIRST	匹配前	38.101	31.612	4.18 ***	0.000
	匹配后	38.101	36.856	1.11	0.266
DUAL	匹配前	0.128	0.149	− 0.69	0.493
	匹配后	0.128	0.113	0.67	0.501
PWF	匹配前	3.989	1.726	4.01 ***	0.000
	匹配后	3.989	3.836	0.33	0.742

資料来源：笔者根据收集的 2009～2012 年沪深两市 A 股重污染行业上市公司数据匹配而得。

（2）描述性统计。全样本、处理组和控制组所有变量的描述性统计结果如表 5 – 5 所示。处理组企业 2009～2012 年企业环境信息披露质量平均值为 13.721，远高于控制组企业的 9.793；而且，处理组企业的硬指标和软指标质量都高于控制组；另外，本年度排污费数额（PWF）这一项，处理组数值要高于控制组，是控制组的两倍多。以上说明处理组企业的环境信息披露质量整体好于控制组，在污染治理方面的投入也要好于控制组，原因主要是处理组企业被纳入重点排污单位的名录，得到了政府等部门更多的监督，在环境披露方面也会做得更加完善。控制变量中，公司规模（SIZE）、所有权性质（STATE）和股权集中度（FIRST）这 3 项的处理组企业数值都要高于控制组企业，这说明处理组企业规模普遍大于控制组企业；处理组中国有企业占比高达 70%，控制组国有企业占比接近 50%；处理组和控制组企业股权集中度都高于 30%，但处理组高出控制组 7 个百分点。其余 3 个变量包括两职合一（DUAL）、政治关联度（PC）和董事会独立性（INDEP），处理组和控制组之间均没有显著差异，两组样本数据具有相近的规模；董事长与总经理兼任的比率都较低，不到 15%；有政治背景的高管人数平均在 3 人；独立董事的人数都平均在 3～4 人。

表 5 - 5   **2009 ~ 2012 年各变量的描述性统计**

变量	全样本 (N = 1144)		处理组 (N = 796)		控制组 (N = 348)	
	均值	标准差	均值	标准差	均值	标准差
CEID	12.526	6.711	13.721	6.581	9.793	6.193
HARD	7.658	4.437	8.418	4.425	5.920	3.951
SOFT	4.869	2.905	5.304	2.850	3.874	2.788
SIZE	11.720	12.182	13.060	13.225	8.621	8.624
STATE	0.638	0.481	0.710	0.454	0.474	0.500
FIRST	35.934	17.431	38.021	18.378	31.162	13.935
PC	3.456	2.493	3.573	2.602	3.158	2.214
DUAL	0.138	0.345	0.137	0.344	0.141	0.348
INDEP	3.764	1.153	3.849	1.183	3.569	1.059
PWF	3.945	6.724	4.805	7.205	1.976	4.944

资料来源:笔者根据收集的 2009 ~ 2012 年沪深两市 A 股重污染行业上市公司数据匹配而得。

进一步对比政策实施前后处理组和控制组的企业环境信息披露质量以及硬指标和软指标的变化情况。《指南》的颁布时间为 2010 年 9 月,考虑到政策的滞后性,以 2011 年作为政策开始的时间,前后差值初步检验政策效果,结果如表 5 - 6 所示。处理组和控制组在政策实施之后企业环境信息披露质量分别提高 12% 和 11%。硬指标和软指标的披露质量也与预计一致,处理组和控制组在政策实施后都有了明显提高,但处理组两种指标的提高幅度远高于处理组。这说明《指南》的实施显著提高了样本企业的环境信息披露质量,并同时提高了硬指标和软指标披露水平。

表 5 - 6   **政策实施前后企业环境信息披露质量平均值变化**

变量	处理组			控制组		
	政策前 2009 ~ 2010 年	政策后 2011 ~ 2012 年	差值	政策前 2009 ~ 2010 年	政策后 2011 ~ 2012 年	差值
CEID	12.937	14.505	1.568	9.276	10.310	1.034
HARD	7.869	8.967	1.098	5.603	6.236	0.633
SOFT	5.075	5.533	0.458	3.672	4.075	0.403

资料来源:笔者根据收集的 2009 ~ 2012 年沪深两市 A 股重污染行业上市公司数据统计而得。

（3）平行趋势检验。在进行双重差分估计之前要进行平行趋势检验，即处理组和控制组企业环境信息披露质量在政策实施前呈同趋势变化，不存在明显的"阿森菲尔特沉降（Ashenfelter's dip）"，满足平行趋势假设。通过动态效应验证平行趋势假设，如图 5-1 所示。以政策开始节点 2011 年为分界线，虚线左侧为《指南》实施之前企业环境信息披露质量均值的变化趋势，虚线右侧为政策实施之后的变化趋势。从图 5-1 中可以看出，在 2011 年以前，处理组和控制组的企业环境信息披露质量、硬指标和软指标均呈上升趋势，满足平行趋势假设；2011 年以后，处理组的三个主要变量均出现较大增长。2011 年成为一个拐点，而这也恰恰说明了政策的效果。

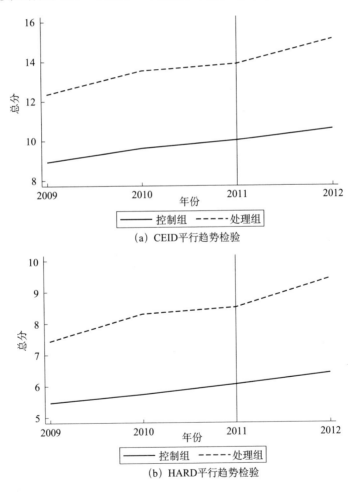

(a) CEID 平行趋势检验

(b) HARD 平行趋势检验

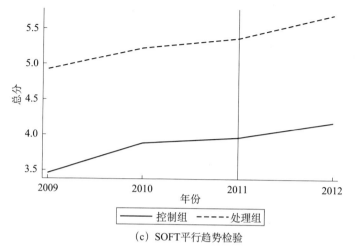

（c）SOFT平行趋势检验

图 5 - 1　政策前后主要被解释变量均值的变化趋势

资料来源：笔者根据收集的 2009～2012 年沪深两市 A 股重污染行业上市公司数据统计而得。

（4）DID 检验。为了进一步检验《指南》的"净效应"，采用双重差分法进行检验。考虑到样本企业个体差异较大和时间跨度，同时控制个体固定效应和时间固定效应进行回归检验。

由回归结果表 5 - 7 可知，《指南》政策与企业环境信息披露质量、硬软指标之间存在高度的统计相关关系。从估计参数来看，企业环境信息披露质量（CEID）的交互项"$Policy_{it} \times Time_{it}$"的系数在 1% 显著性水平上显著为正，说明政策实施之后，重点排污单位企业的环境信息披露质量在平均水平上提高了 137%。硬指标（HARD）的交互项系数和软指标（SOFT）的交互项系数在 1% 显著性水平上显著为正，说明政策实施之后，企业硬指标披露质量显著提高 93.1%，软指标披露质量显著提高 42.8%。这些结果表明，《指南》政策对企业环境信息披露质量具有显著正向影响，提高了整体披露水平。在企业环境信息披露质量的指标中，硬指标质量的提高程度是软指标质量的 2 倍多，说明重污染行业上市公司对硬性指标的披露要优于软指标披露。

企业所有权性质（STATE）与企业环境信息披露质量（CEID）、硬指标（HARD）和软指标（SOFT）都显著正相关，说明国有企业在年报及社会责任报告中环境信息披露质量要显著优于非国有企业，无论是硬指

表 5 - 7 DID 模型估计结果

变量	CEID	HARD	SOFT
$Policy_{it} \times Time_{it}$	1.370 *** (4.87)	0.931 *** (4.88)	0.428 *** (3.15)
SIZE	0.021 (0.89)	0.009 (0.54)	0.012 (1.03)
STATE	1.668 ** (2.27)	0.847 * (1.70)	0.812 ** (2.29)
FIRST	0.017 (0.61)	0.012 (0.65)	0.005 (0.39)
PC	-0.190 (-1.18)	-0.179 (-1.63)	-0.011 (-0.14)
DUAL	-0.146 (-0.23)	-0.111 (-0.26)	-0.034 (-0.11)
INDEP	0.109 (0.63)	0.208 * (1.76)	-0.104 (-1.24)
PWF	0.064 ** (1.99)	0.061 *** (2.77)	0.003 (0.22)
常数项	7.706 *** (2.78)	2.539 (1.35)	5.183 *** (3.87)
个体固定效应	控制	控制	控制
时间固定效应	控制	控制	控制
R^2	0.7591	0.7469	0.7002
F 值	9.14 ***	8.56 ***	6.78 ***

注：*、**、*** 分别表示在10%、5%、1%的水平上显著。括号内代表t值。
资料来源：笔者根据收集的 2009~2012 年沪深两市 A 股重污染行业上市公司数据回归而得。

标披露还是软指标披露，国有企业的披露质量都要比非国有企业高。可能的原因是早期环境信息公开政策的执行中，国有企业易于被监督，也是重点行业的主要参与者，因此政府对于国有企业的环境责任履行力度要求高；国有企业本身的管理层也具备政治素养，对于政策的执行会更加快速而有效。

董事会独立性（INDEP）与硬指标（HARD）在10%的显著性水平上正相关，说明董事会独立董事的个数越多，企业环境信息披露中硬指标披露质量越高。独董人数多会促进企业的自我监督，弱化企业内部权力控制导致损害其他利益相关者的权益；企业排污费数额（PWF）与企业环境信息披露质量（CEID）和硬指标（HARD）分别在5%和1%的显著性水平上正相关，说明企业排污费数额对企业环境信息披露质量和硬指标质量的提高有促进作用。

（5）稳健型检验。为保证回归结果的可靠，分别采取安慰剂检验和增加控制变量的方法对上述结果进行稳健性检验。首先使用安慰剂检验中的虚构处理组对其他影响因素进行排除，将不受政策影响的群组作为处理组进行回归。如果估计结果显著，则说明存在其他因素的干扰；如果估计不显著，则说明模型具有稳定性。具体回归结果如表5-8所示，估计结果不显著，并没有得到与真实效应相同的显著正效应，说明 DID 模型回归结果稳健。其次是增加控制变量检验，在原有变量基础上增加了高管受教育程度（EDU）、高管平均年龄（AGE）和高管任期（TENURE），这些变量也会影响企业环境信息披露质量（张晓，2016；孟晓华等，2012）。具体回归结果如表5-9所示，关键变量的系数显著性未发生变化，说明双重差分检验具有稳健性。

表5-8 安慰剂稳健性检验

变量	CEID	HARD	SOFT
$Policy_{it} \times Time_{it}$	-0.406 (-0.87)	-0.363 (-1.15)	-0.034 (-0.15)
SIZE	0.013 (0.55)	0.003 (0.21)	0.009 (0.77)
STATE	1.696** (2.33)	0.856* (1.74)	0.831** (2.35)
FIRST	0.027 (0.96)	0.018 (0.98)	0.009 (0.64)

变量	CEID	HARD	SOFT
PC	−0.157 (−0.98)	−0.157 (−1.45)	0.000 (0.00)
DUAL	−0.156 (−0.25)	−0.121 (−0.29)	−0.034 (−0.12)
INDEP	0.116 (0.67)	0.213* (1.83)	−0.103 (−1.24)
PWF	0.044 (1.37)	0.048** (2.17)	−0.003 (−0.21)
常数项	0.630 (0.21)	−2.231 (−1.12)	2.911 (2.04)
个体固定效应	控制	控制	控制
时间固定效应	控制	控制	控制
R^2	0.7657	0.7533	0.7045
F 值	9.44***	8.82***	6.88***

注：*、**、***分别表示在10%、5%、1%的水平上显著。括号内代表 t 值。
资料来源：笔者根据收集的2009～2012年沪深两市 A 股重污染行业上市公司数据回归而得。

表 5 - 9　　　　　增加控制变量稳健性检验

变量	CEID	HARD	SOFT
$Policy_{it} \times Time_{it}$	1.012*** (3.34)	0.689*** (3.36)	0.314** (2.14)
SIZE	0.020 (0.84)	0.008 (0.47)	0.012 (1.03)
STATE	1.647** (2.25)	0.831* (1.68)	0.806** (2.27)
FIRST	0.020 (0.70)	0.013 (0.67)	0.007 (0.51)
PC	−0.187 (−1.16)	−0.172 (−1.57)	−0.015 (−0.19)

续表

变量	CEID	HARD	SOFT
DUAL	-0.088 (-0.14)	-0.091 (-0.22)	0.002 (0.01)
INDEP	0.140 (0.80)	0.230* (1.95)	-0.095 (-1.12)
PWF	0.058* (1.79)	0.057*** (2.59)	0.001 (0.08)
EDU	0.358 (1.61)	0.172 (1.15)	0.187* (1.74)
AGE	0.067 (0.69)	0.010 (0.15)	0.051 (1.08)
TENURE	0.023*** (2.88)	0.018*** (3.36)	0.005 (1.31)
常数项	3.578 (0.66)	1.401 (0.38)	2.478 (0.94)
个体固定效应	控制	控制	控制
时间固定效应	控制	控制	控制
R^2	0.7625	0.7507	0.7024
F 值	9.19***	8.62***	6.75***

注：*、**、***分别表示在10%、5%、1%的水平上显著。括号内代表 t 值。
资料来源：笔者根据收集的2009～2012年沪深两市 A 股重污染行业上市公司数据回归而得。

5.1.3　新《环保法》政策效果评估

继2010年的《上市公司环境信息披露指南》后，环境保护部、生态环境部和证监会陆续发布了一系列环境信息披露的相关政策法规，2015年1月1日同时施行的两个重要信息公开法案，一个是新《环保法》，将强制公开环境信息的范畴锁定到污染量排放较大的重点企业，另一个是环境保护部起稿的《企业事业单位环境信息公开暂行办法》。《企业事业单位环境信息公开暂行办法》是在新《环保法》的总纲领指导下监督企业事业单位执行该强制信息公开工作，并明确了重点排污单位名录的确定标准和条件、信息公开的内容方式等。而新《环保法》被称为"史上最严"，其第五章整章为信息公开与公众参与内容，具体规定了重点排污单位应当向社会公开其主要污染物的名称、排放方式、排放浓度和总量、超标排放情况，安装使用监测设备并保存原始监测记录，接受社会监督，以及防治污染设施的建设和运行情况，确定了强制环境信息披露的方向。新《环保法》定下了重点排污单位环境信息公开的主基调，紧跟着相关单位实施了诸如《企业事业单位环境信息公开暂行办法》之类的一系列具体环境信息公开政策，将新《环保法》的总思想落实在企业事业单位。

环境信息公开不仅有利于公众参与环境保护，更能推进政府环境管理工作全方位地改善（王华等，2016）。企业环境信息公开政策的不断颁布，是否对企业履行环境责任、披露环境信息起到了更迭的促进作用，需要进一步对后续政策进行检验。新《环保法》作为首个明确重点排污单位名录标准的信息公开政策，是最具影响力的和最具法律效力的环境保护法规，也是后期各种相关延续政策的基础，基于此，本书采用倾向性得分匹配与双重差分法检验2015年实施的新《环保法》对上市公司环境信息披露质量影响的"净效应"，运用我国2014~2017年沪深A股重污染行业上市公司年度报告数据，选择796个处理组和348个控制组样本进行准自然实验研究。

1. 研究设计

（1）数据选取。从2008年实施的《环境信息公开办法（试行）》以及2015年实施的新《环保法》，再到2017年底实施的《披露准则第2号》，针对上市公司环境信息披露方面的制度从无到有，从宽泛到具体。为了避免新《环保法》之前和之后相关政策在数据统计和处理上的干扰，本书选取2014~2017年490家沪深两市A股重污染行业上市公司为原始样本，筛选其中属于重点排污单位名录内的上市公司样本作为政策干预的处理组，其余非重点排污单位的样本作为控制组。剔除了*ST、ST、相关数据缺失以及样本期间退市或业务转型为非重污染行业的样本，最终得到了1144个观测值。样本筛选情况如表5-10所示。

表 5 - 10　　　　　　　　　　2014～2017 年样本上市公司筛选情况

项目	原始样本	剔除后样本
	2014～2017 年	2014～2017 年
处理组（重点排污单位）	912	796
控制组（非重点排污单位）	1048	348
公司总数	1960	1144

资料来源：笔者根据收集的 2014～2017 年沪深两市 A 股重污染行业上市公司数据整理而得。

（2）模型构建。与前文一致，双重差分法检验政策效应需要满足的两个假设条件，一是平行趋势假设，二是试点项目的实施是随机的均可以满足，因为新《环保法》实施对象也是重点排污单位名录，由政府发布是强制性的，所以政策是外生的，不存在内生性问题，故研究符合此假设。

将新《环保法》看成一项准自然实验的政策干预，处理组（T）为重点排污单位名录里的企业，控制组（C）为没有纳入该名录的企业。同时，为了避免处理组与控制组的本身差异问题以及可能存在的反向因果问题，首先采用倾向得分匹配法，匹配出与处理组相近似的控制组，尽可能满足两组样本的同质性和随机性假设，解决样本选择偏误问题；然后基于匹配后的样本，利用双重差分模型估计该项政策干预对环境信息披露质量的因果作用。为了检验重点排污单位在政策干预后环境信息披露质量的整体提升情况，双重差分模型（5-4）设定如下：

$$CEID_{it} = \beta_0 + \beta_1 Policy_{it} \times Time_{it} + \lambda \sum Control_{it} + \mu_i + \tau_t + \varepsilon_{it} \qquad (5-4)$$

其中，$CEID_{it}$ 代表 i 公司在第 t 年的环境信息披露质量；$Policy_{it}$ 是新《环保法》政策的虚拟变量，处理组取 1，控制组取 0；$Time_{it}$ 为政策时间变量，政策实施之后的年份取 1，实施之前取 0；交乘项 $Policy_{it} \times Time_{it}$ 是考察新《环保法》是否提升环境信息披露质量的核心解释变量，β_1 是交乘项的回归系数，也是双重差分模型重点考察的处理效应，若显著为正，则表明该政策能显著提高重点排污单位的环境信息披露质量；$Control_{it}$ 为一系列控制变量；μ_i 是上市公司个体固定效应，τ_t 是时间固定效应；ε_{it} 为随机干扰项；β_0 为截距项。

企业环境信息披露质量通常采用内容分析法赋值，即将取值分为无披露、简单定性披露、详细定性表述，以及定量披露（Li et al.，2017；王凤，2015）。为了识别政策干预后环境信息披露在文字表述方式上的改变，构建模型如下：

$$NONE_{it} = \beta_0 + \beta_1 \, Policy_{it} \times Time_{it} + \lambda \sum Control_{it} + \mu_i + \tau_t + \varepsilon_{it} \quad (5-5)$$

$$EASY_{it} = \beta_0 + \beta_1 \, Policy_{it} \times Time_{it} + \lambda \sum Control_{it} + \mu_i + \tau_t + \varepsilon_{it} \quad (5-6)$$

$$SPECIFIC_{it} = \beta_0 + \beta_1 \, Policy_{it} \times Time_{it} + \lambda \sum Control_{it} + \mu_i + \tau_t + \varepsilon_{it}$$
$$(5-7)$$

$$QUANTITY_{it} = \beta_0 + \beta_1 \, Policy_{it} \times Time_{it} + \lambda \sum Control_{it} + \mu_i + \tau_t + \varepsilon_{it}$$
$$(5-8)$$

其中，$NONE_{it}$、$EASY_{it}$、$SPECIFIC_{it}$和$QUANTITY_{it}$分别代表 i 公司在第 t 年无披露、简单定性披露、详细定性披露和定量披露的指标个数。若模型（5-5）中交乘项系数 β_1 显著为负，则说明在政策干预后无披露的指标个数显著减少。同理，若模型（5-8）中交乘项系数 β_1 显著为正，则说明在政策干预后定量披露的指标个数显著增加。

（3）变量选取。

被解释变量：企业环境信息披露质量（简称 CEID），同样包括 16 项等权指标；无披露（NONE）、简单定性披露（EASY）、详细定性披露（SPECIFIC）以及定量披露（QUANTITY），鉴于上述 CEID 指标中有 11 项指标的赋值范围为 0~3 分，能充分涵盖特定指标从无披露到定量表述披露的四种情况，故选取此 11 项指标中得分为 0、1、2、3 分的指标数量分别作为无披露、简单定性披露、详细定性披露以及定量披露的衡量标准。

核心解释变量：$Policy_{it} \times Time_{it}$ 交乘项，表示 2015 年后上市公司是否实施了《办法》，即是重点排污单位。如果属于实施该政策的企业取值 1，反之为 0。

控制变量：与前文《指南》的指标选取一致，选取公司规模（SIZE）、所有权性质（STATE）、政治关联度（PC）、股权集中度（FIRST）、两职合一（DUAL）以及董事会独立性（INDEP）6 个变量作为模型的控制变量。

倾向得分匹配协变量：挑选公司上市年龄（LIFE）、本年度排污费数额（PWF）2 个变量作为倾向性得分匹配的依据。所有变量的定义和取值见表 5 - 11。

表 5 - 11　　　　　　　　　　主要变量符号与定义

变量类型	变量符号	变量名称	变量含义
被解释变量	CEID	企业环境信息披露质量	16 项指标打分求和
	NONE	无披露	11 项指标中得分为 0 的个数
	EASY	简单定性披露	11 项指标中得分为 1 的个数
	SPECIFIC	详细定性披露	11 项指标中得分为 2 的个数
	QUANTITY	定量披露	11 项指标中得分为 3 的个数
解释变量	$Policy_{it} \times Time_{it}$	双重差分项	政策变量与时间变量的乘积
控制变量与 PSM 协变量	SIZE	公司规模	上市公司的子公司数量
	STATE	所有权性质	国有企业为 1，否则为 0
	FIRST	股权集中度	第一大股东持股比例（%）
	PC	政治关联度	有政治背景的高管人数占高管总人数的比率
	DUAL	两职合一	董事长与总经理兼任取 1，否则为 0
	INDEP	董事会独立性	独立董事的人数
	DURATION	公司上市年龄	公司上市的年数
	PWF	排污费数额	（本年度所缴纳的排污费数额 +1）的自然对数值

资料来源：笔者根据收集的 2014 ~ 2017 年沪深两市 A 股重污染行业上市公司数据整理而得。

2. 实证分析

（1）倾向得分匹配（PSM）。将 2014 ~ 2017 年的 796 个重点排污单位作为处理组，348 个非重点排污单位作为控制组，以公司规模（SIZE）、所有权性质（STATE）、股权集中度（FIRST）、两职合一（DUAL）、政治关联度（PC）、董事会独立性（INDEP）、公司上市年龄（DURATION）和排污费数额（PWF）8 个可观测变量作为匹配协变量。运用 logit 模型估计倾向得分，同样采用有放回的核匹配法确定各个协变量的权重，施加共同支持条件，最后匹配后得到的样本数与全样本数一致。表 5 - 12 报告了 PSM 平衡性检验结果，在匹配前，处理组和控制组的公司规模（SIZE）、所有权性质（STATE）、股权集中度（FIRST）、董事会独立性

（INDEP）以及本年度排污费数额（PWF）均存在显著差异（p 值均小于 0.1），匹配后，上述 5 个变量的差异性显著下降；公司上市年龄（DURATION）、两职合一（DUAL）和政治关联度（PC）匹配前后的 p 值都大于 0.1，不存在显著差异。结果显示选取的协变量较为合适，核匹配方法恰当。此时，处理组与控制组在政策干预前具有基本一致的特征。

表 5 – 12 　　　　　　　　　　倾向得分匹配平衡性检验

变量	匹配前后	处理组均值	控制组均值	t 值	p 值
SIZE	匹配前	16.246	9.264	3.09***	0.002
	匹配后	16.246	14.064	1.34	0.181
STATE	匹配前	0.678	0.471	3.37***	0.001
	匹配后	0.678	0.662	0.34	0.731
PC	匹配前	3.588	3.333	0.76	0.445
	匹配后	3.588	3.310	1.13	0.258
FIRST	匹配前	39.536	31.643	3.89***	0.000
	匹配后	39.536	39.309	0.15	0.881
DUAL	匹配前	0.116	0.184	−1.55	0.122
	匹配后	0.116	0.130	−0.45	0.655
INDEP	匹配前	4.653	4.253	1.93*	0.055
	匹配后	4.653	4.614	0.24	0.809
DURATION	匹配前	14.106	14.724	−1.25	0.211
	匹配后	14.106	14.686	−1.62	0.105
PWF	匹配前	2.240	0.654	4.26***	0.000
	匹配后	2.240	2.311	−0.22	0.823

资料来源：笔者根据收集的 2014～2017 年沪深两市 A 股重污染行业上市公司数据匹配而得。

（2）描述性统计。全样本、处理组和控制组所有变量的描述性统计结果如表 5 – 13 所示。处理组企业 2014～2017 年企业环境信息披露质量平均值为 17.994，是控制组企业均值的近两倍；而且，处理组企业的详细定性披露和定量披露较多，而控制组的无披露和简单定性披露较多；另外，本年度排污费数额（PWF）这一项，处理组数值要高于控制组。

以上说明处理组企业的环境信息披露质量整体好于控制组，在污染治理方面的投入也要好于控制组，原因主要是处理组企业被纳入重点排污单位的名录，得到了政府等部门更多的监督，在环境披露方面也会做得更加完善。所有权性质（STATE）这一项的处理组企业数值也要高于控制组企业，这说明处理组企业中国有企业占比要高于控制组，对于重点排污单位的控制权主要掌握在国有单位也符合国家对污染治理和信息披露的方向要求。其余 6 个变量包括公司规模（SIZE）、股权集中度（FIRST）、两职合一（DUAL）、政治关联度（PC）、董事会独立性（IN-DEP）和公司上市年龄（DURATION），处理组和控制组之间均没有显著差异，两组样本数据具有相近的规模；股权集中度都大于 30%，说明股权较为集中；董事长与总经理兼任的比率都较低，不到 20%；有政治背景的高管人数平均在 3 人左右；独立董事的人数都平均在 4 人左右；公司上市的年数都在 16 年左右。

表 5-13　　　　　　　　　　2014~2017 年各变量的描述性统计

变量	全样本（N=1144）		处理组（N=796）		控制组（N=348）	
	均值	标准差	均值	标准差	均值	标准差
CEID	15.372	7.196	17.994	5.860	9.376	6.329
NONE	4.583	2.527	3.75	1.908	6.489	2.731
EASY	1.889	1.592	1.799	1.491	2.095	1.787
SPECIFIC	1.748	1.563	2.028	1.555	1.109	1.385
QUANTITY	2.780	2.048	3.423	1.918	1.307	1.505
SIZE	18.851	25.598	20.467	25.730	15.152	24.940
STATE	0.610	0.488	0.677	0.468	0.457	0.499
FIRST	36.475	15.560	38.620	15.803	31.569	13.809
PC	2.786	2.366	2.815	2.422	2.718	2.234
DUAL	0.140	0.347	0.119	0.324	0.187	0.390
INDEP	4.066	1.419	4.127	1.400	3.925	1.454
DURATION	15.794	3.996	15.603	3.966	16.230	4.037
PWF	1.963	3.090	2.565	3.330	0.588	1.826

资料来源：笔者根据收集的 2014~2017 年沪深两市 A 股重污染行业上市公司数据整理而得。

进一步对比政策实施前后处理组和控制组的企业环境信息披露质量以及无披露表述、简单定性表述披露、详细定性表述披露和定量表述披露的变化情况，以政策开始时间 2015 年为分界点，前后差值初步检验政策效果，结果如表 5 - 14 所示。处理组在政策实施之后企业环境信息披露质量显著提高超过 13%，而控制组反而有小幅下降。四种表述方式也与预计一致，处理组的无披露和简单定性表述披露在政策实施后都有了明显下降，详细定性披露和定量披露都得到了提高，控制组与之相反。这说明新《环保法》的实施显著提高了处理组企业的环境信息披露质量，改进了披露方式。

表 5 - 14　　　　政策实施前后企业环境信息披露质量平均值变化

变量	处理组			控制组		
	政策前 2014 年	政策后 2015 ~ 2017 年	差值	政策前 2014 年	政策后 2015 ~ 2017 年	差值
CEID	16. 382	18. 531	2. 149	9. 954	9. 184	- 0. 770
NONE	4. 357	3. 548	- 0. 809	6. 425	6. 510	0. 085
EASY	1. 839	1. 786	- 0. 053	2. 069	2. 103	0. 034
SPECIFIC	1. 734	2. 126	0. 392	1. 034	1. 134	0. 100
QUANTITY	3. 070	3. 541	0. 471	1. 471	1. 253	- 0. 218

资料来源：笔者根据收集的 2014 ~ 2017 年沪深两市 A 股重污染行业上市公司数据整理而得。

（3）平行趋势检验。通过动态效应验证平行趋势假设，如图 5 - 2 所示。以政策开始节点 2015 年为分界线，虚线左侧为新《环保法》实施之前企业环境信息披露质量均值的变化趋势，虚线右侧为政策实施之后的变化趋势。从图 5 - 2 中可以看出，在 2015 年以前，处理组和控制组的企业环境信息披露质量均呈上升趋势，无披露和定量披露呈现下降趋势，简单定性披露和详细定性披露呈现上涨趋势；2015 年以后，处理组的简单定性披露呈现急剧下降，而定量披露出现较大增长。2015 年成为一个拐点，而这同样说明了政策的效果。

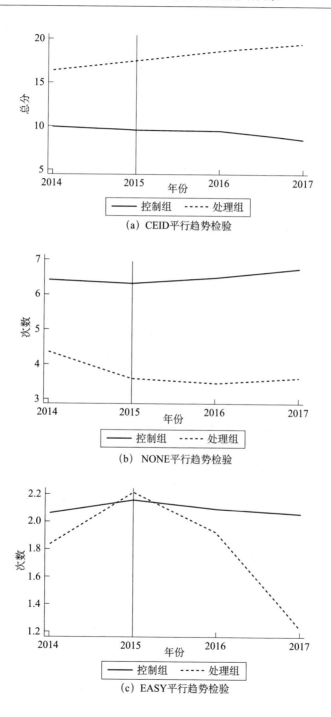

（a）CEID平行趋势检验

（b）NONE平行趋势检验

（c）EASY平行趋势检验

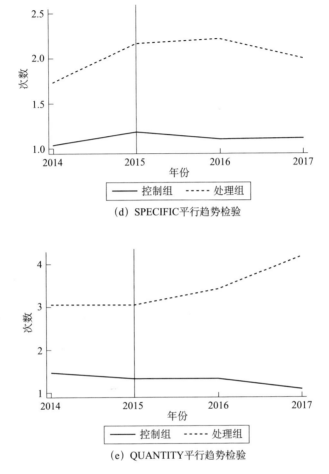

（d）SPECIFIC平行趋势检验

（e）QUANTITY平行趋势检验

图 5 – 2　政策前后主要被解释变量均值的变化趋势

资料来源：笔者根据收集的 2014～2017 年沪深两市 A 股重污染行业上市公司数据整理而得。

（4）DID 检验。为了进一步检验新《环保法》的"净效应"，采用双重差分法进行检验。从国家层面来看，新《环保法》这种政策因素存在明显的随时间变化的趋势，需要排除或控制，而且处理组和控制组企业个体差异较大，所以，同时控制时间效应和个体效应进行回归检验。

由回归结果表 5 – 15 可知，新《环保法》政策与企业环境信息披露质量和表述方式之间存在高度的统计相关关系。从估计参数来看，CEID

的交互项"Policy$_{it}$ × Time$_{it}$"的系数在1%的显著性水平上显著为正,说明政策实施之后,重点排污单位企业的环境信息披露质量在平均水平上提高了291.08%。NONE 的交互项系数在1%的显著性水平上显著为负,而 QUANTITY 的交互项系数在1%的显著性水平上显著为正,说明政策实施之后,企业无披露显著下降88.11%,定量披露显著提高66.66%。这些结果表明,新《环保法》政策对企业环境信息披露质量具有显著正向影响,提高了整体披露水平,并改进了披露方式。但是,政策对于 EASY 和 SPECIFIC 没有显著影响作用,说明简单定性披露和详细定性披露受政策影响很小。

表 5-15　　　　　　　　　　DID 模型估计结果

变量	CEID	NONE	EASY	SPECIFIC	QUANTITY
Policy$_{it}$ × Time$_{it}$	2.9108 *** (4.45)	-0.8811 *** (-3.27)	-0.1098 (-0.51)	0.3243 (1.64)	0.6666 *** (3.16)
SIZE	-0.0075 (-0.61)	0.012 (0.25)	0.0001 (0.02)	0.0047 (1.27)	-0.0060 (-1.53)
STATE	-1.0480 ** (-1.44)	0.6282 ** (2.10)	-0.0848 (-0.35)	-0.5454 ** (-2.48)	0.0021 (0.01)
FIRST	0.0208 (0.79)	0.0001 (0.01)	-0.0099 (-1.13)	0.0086 (1.08)	0.0012 (0.14)
PC	-0.0028 (-0.02)	0.0056 (0.12)	-0.0160 (-0.43)	0.0004 (0.01)	0.0101 (0.28)
DUAL	0.7119 (1.09)	-0.2836 (-1.06)	0.0389 (0.18)	0.1543 (0.78)	0.0904 (0.43)
INDEP	-0.1209 (-0.93)	0.0713 (1.33)	-0.0335 (-0.78)	0.0089 (0.23)	-0.0466 (-1.12)
常数项	19.2282 *** (6.57)	3.1804 *** (2.64)	1.4618 (1.51)	1.9433 ** (3.53)	4.4144 *** (4.68)
个体固定效应	控制	控制	控制	控制	控制
时间固定效应	控制	控制	控制	控制	控制

变量	CEID	NONE	EASY	SPECIFIC	QUANTITY
R^2	0.7232	0.6198	0.3774	0.4621	0.6442
F 值	7.51***	4.69***	1.74***	2.47***	5.21***

注: **、***分别表示在5%、1%的水平上显著。括号内代表 t 值。

资料来源: 笔者根据收集的2014～2017年沪深两市 A 股重污染行业上市公司数据回归而得。

企业所有权性质与无披露(NONE)显著正相关,与详细定性披露(SPECIFIC)显著负相关,这说明越是国有企业,在年报及社会责任报告中环境信息方面的无披露情况较多,而非国有企业的详细定性披露较多,即非国有企业的环境信息披露方式要优于国有企业。可能的原因是非国有企业相比国有企业得到政府的关注和认可较少,资源有限,为了获得政府的补贴和奖励等,在环境治理以及信息公开方面相比国有企业会做出更多努力。而且民营企业、外资企业和合资企业的管理制度相较国有企业而言更为灵活,工作效率更高,对于环境信息公开政策的执行会更加迅速和有效。

(5)稳健型检验。为保证回归结果的可靠,分别采取反事实分析和增加控制变量的方法对上述结果进行稳健性检验。首先使用时间反事实检验对其他影响因素进行排除,将政策发生的时间推迟1年,即2016年,其他变量不改变,并进行估计。如果估计结果显著,则说明存在其他因素的干扰;如果估计不显著,则说明模型具有稳定性。具体回归结果如表5-16所示,估计结果不显著,并没有得到与真实效应相同的显著正效应,而且 QUANTITY 的交乘项还显著为负,与真实效应相反,说明 DID 模型回归结果稳健。其次是增加控制变量检验,在原有变量基础上增加了高管受教育程度(EDU)、高管平均年龄(AGE)和高管任期(TEN-URE),这些变量也会影响企业环境信息披露质量(张晓,2016;孟晓华等,2012)。具体回归结果如表5-17所示,关键变量的系数显著性未发生变化,说明双重差分检验具有稳健性。

表5-16　　　　　　　　时间反事实分析稳健性检验

变量	CEID	NONE	EASY	SPECIFIC	QUANTITY
$Policy_{it} \times Time_{it}$	-3.6187 (-1.11)	0.8723 (0.65)	0.0076 (0.01)	1.2732 (1.30)	-2.15301** (-2.06)

续表

变量	CEID	NONE	EASY	SPECIFIC	QUANTITY
SIZE	−0.0094 (−0.76)	0.0018 (0.36)	0.0002 (0.04)	0.0045 (1.22)	−0.0065 (−1.64)
STATE	−0.9893 (−1.35)	0.6105 ** (2.03)	−0.0871 (−0.36)	−0.5390 ** (−2.45)	0.0156 (0.07)
FIRST	0.0152 (0.57)	0.0018 (0.16)	−0.0097 (−1.11)	0.0080 (1.00)	−0.0001 (−0.01)
PC	−0.0162 (−0.14)	0.0096 (0.21)	−0.0155 (−0.42)	−0.0011 (−0.03)	0.0070 (0.19)
DUAL	0.7246 (1.10)	−0.2874 (−1.07)	0.0384 (0.18)	0.1557 (0.79)	0.0933 (0.44)
INDEP	−0.1450 (−1.11)	0.0786 (1.46)	−0.0326 (−0.76)	0.0062 (0.16)	−0.0522 (−1.24)
常数项	20.3651 *** (6.91)	2.8362 ** (2.35)	1.4189 (1.47)	2.0700 ** (2.34)	4.6748 *** (4.95)
个体固定效应	控制	控制	控制	控制	控制
时间固定效应	控制	控制	控制	控制	控制
R^2	0.7168	0.6150	0.3773	0.4604	0.6401
F 值	7.31 ***	4.61 ***	1.75 ***	2.46 ***	5.14 ***

注：**、***分别表示在5%、1%的水平上显著。括号内代表 t 值。
资料来源：笔者根据收集的 2014～2017 年沪深两市 A 股重污染行业上市公司数据回归而得。

表 5 – 17　　　　　　　　增加控制变量稳健性检验

变量	CEID	NONE	EASY	SPECIFIC	QUANTITY
$\text{Policy}_{it} \times \text{Time}_{it}$	2.9362 *** (4.47)	−0.8998 *** (−3.33)	−0.0927 (−0.43)	0.3253 (1.64)	0.6672 *** (3.15)
SIZE	−0.0082 (−0.66)	0.0012 (0.24)	0.0004 (0.10)	0.0049 (1.30)	−0.0065 (−1.64)

续表

变量	CEID	NONE	EASY	SPECIFIC	QUANTITY
STATE	−1.0528 （−1.44）	0.6207 ** （2.07）	−0.0722 （−0.30）	−0.5358 ** （−2.43）	−0.0127 （−0.05）
FIRST	0.0230 （0.87）	−0.0011 （−0.10）	−0.0091 （−1.03）	0.0088 （1.09）	0.0014 （0.17）
PC	0.0020 （0.02）	0.0022 （0.05）	−0.0132 （−0.35）	0.0015 （0.04）	0.0095 （0.26）
DUAL	0.7008 （1.07）	−0.2805 （−1.05）	0.0386 （0.18）	0.1595 （0.81）	0.0824 （0.39）
INDEP	−0.1194 （−0.91）	0.0638 （1.18）	−0.0225 （−0.51）	0.0092 （0.23）	−0.0505 （−1.19）
EDU	−0.1811 （−1.25）	0.0585 （0.98）	−0.0059 （−0.12）	0.0040 （0.09）	−0.0566 （−1.21）
AGE	−0.0351 （−0.25）	0.0463 （0.81）	−0.0537 （−1.16）	−0.0144 （−0.34）	0.0219 （0.49）
TENURE	0.0008 （0.08）	−0.0027 （−0.69）	0.0041 （1.28）	−0.0012 （−0.42）	−0.0001 （−0.04）
常数项	21.4930 *** （2.96）	0.8680 （0.29）	3.9012 （1.62）	2.6695 （1.21）	3.5613 （1.52）
个体固定效应	控制	控制	控制	控制	控制
时间固定效应	控制	控制	控制	控制	控制
R^2	0.7237	0.6207	0.3793	0.4623	0.6449
F 值	7.43 ***	4.64 ***	1.73 ***	2.44 ***	5.15 ***

注：** 、*** 分别表示在 5% 、1% 的水平上显著。括号内代表 t 值。

资料来源：笔者根据收集的 2014 ~ 2017 年沪深两市 A 股重污染行业上市公司数据回归而得。

5.2 企业内部因素对企业环境信息披露质量的影响

5.2.1 理论分析与研究假设

1. 公司特征与企业环境信息披露质量

企业环境信息披露影响因素众多，其中公司特征是主要影响因素之一。公司特征包括公司规模、地理位置、所处行业、盈利能力和财务杠杆等。公司特征对环境信息披露的主动性有可以替代的作用（Aerts et al.，2008）。

一般而言，上市公司规模越大，其经营行为对社会产生的影响也较大，更容易成为社会公众关注的焦点和政府监管的重点（Darnall et al.，2010）。企业规模越大，品牌责任就越大，受到政治监管和舆论监督方面的压力较大，更有动力履行社会责任并遵守环境信息披露制度，这有助于提高企业环境信息披露质量。同时，上市公司规模越大，其越具备实力履行社会责任、进行信息公开，拥有充足的人力、物力和财力，进而彰显其履行的社会责任，降低企业的代理成本（Karim et al.，2006），且部门之间分工明确，有专门对接政府颁布的新制度的人员，比起人手不够的小公司而言会更好地进行环境责任信息披露。国内外学者采取不同的方法都得到了上述结论，科米尔等（Comier et al.，2005）发现，企业规模会影响环境信息披露质量。布拉默和帕夫林（Brammer and Pavelin，2006）进一步证实上市企业规模与其环境信息披露水平呈正相关关系。国内学者同样得出上市公司规模越大，环境信息披露水平越高的结论（汤亚莉等，2006；Zeng et al.，2010）。因此，提出如下假设：

假设 5.1：企业规模越大，企业环境信息披露质量越高。

2. 公司治理与企业环境信息披露质量

根据委托代理理论，企业信息披露能够有效缓解存在于企业内外部信息不一致的问题，进而降低成本，推动企业高效运转。而科学有效的公司治理可以促进企业价值最大化的实现，并进一步提高企业环境信息披露的质量。也就是说高质量的环境信息披露意味着较好的企业治理（Meng et al.，2013）。为此，本节考察公司治理是否对企业环境信息披露质量有显著影响，进而优化企业环境信息披露体系。公司治理一般囊括"董高监"特征、股权结构等内容，本节分别从高管特征、董事会特征和股权结构三部分进行分析。

（1）高管特征与企业环境信息披露质量。企业高管处于环境信息披露的枢纽地位，是关键的内部利益相关者，高层梯队理论认为高管会根据其经验与价值观作出决策，对企业发展产生重要影响（Hambrick and Mason，1984）。高管的环境意识会通过特定的披露方式来塑造或改变信息使用者的感知（Brown and Deegan，1998）。同时，企业的管理者会密切关注同行的披露水平，以确保他们都在同一层次上（Cormier and Magnan，2003）。高管特征包括性别、年龄、任期、教育水平等都会对企业环境信息披露质量产生影响（张国清等，2016）。管理者平均年龄越大，任期越长，董事会规模越大，公司环境信息披露水平会越好（李宾等，2017）。

高管个人特征诸如性别、年龄、受教育程度等影响其个人认知和判断力（Cheng et al.，2017）。其中受教育程度格外重要，管理者的教育水平被认为是社会责任履行态度的一个重要因素（Quazi，2003）。教育程度反映高管的知识和技术能力、接受和处理新异知识和复杂信息的能力，缺乏对社会责任领域相关问题的了解和认识，可能导致企业社会责任信息披露不足或不充分（Belal，2001）。年轻的管理者拥有较高的学历会倾向于披露详细的环境信息（Robertson and Barling，2013）。斯莱特和迪克森（Slater and Dixon，2010）研究发现，拥有 MBA 学位的执行总裁和公司环境绩效之间具有显著的正相关关系。赵萱等（2015）实证研究重污染行业上市公司也得出，高管学历与企业环境信息披露正相关。高管背景特征还影响着个人风险偏好、管理方法和理念等，因此高管受教育水平越高，越会产生较强的环境意识，重视环境管理问题，关心企业的社会责任，并且在相关环保项目的识别、确定和实施过程中承担更多的社会责任。

高管任期在一定程度上体现了高管根据企业内外部环境作出决策的

经验和效果。目前学术界对高管任期和企业环境责任履行的关系研究结论不一，郑冠群等（2015）研究 A 股上市公司，发现总经理离职会恶化企业环境信息披露质量，认为高管任期对企业环境信息披露质量有显著影响，但也有学者研究发现二者间并不存在显著关系（孟晓华等，2012）。从高管自身价值角度分析，任期较长的高管会更有动力去关注和承担社会责任，并提高环境信息披露质量、提升环境绩效水平，作出有利于企业长期发展的决策，进而提升企业声誉。

基于此，提出如下假设：

假设 5.2a：高管受教育程度越高，企业环境信息披露质量越高。

假设 5.2b：高管任期越长，企业环境信息披露质量越高。

（2）董事特征与企业环境信息披露质量。董事长与总经理是否两职分离是刻画董事特征的重要因素。委托代理理论认为，董事长和总经理两职分离，有助于避免代理人的"道德风险"和"逆向选择"问题。如果董事长与总经理两职合一，可能总经理倾向于向外部利益相关者隐瞒不利消息。因此，两职分离可以维护董事会监督的独立性和有效性，保证公众获得满意的信息、董事会作出有利于外部利益相关者的决策。由此假设：

假设 5.2c：董事长与总经理两职分离有助于企业环境信息披露质量的提高。

（3）股权结构与企业环境信息披露质量。公司治理包含多个方面，其中股权集中度是研究较多的一个。关于股权集中度与企业环境信息披露质量的关系分析没有一致的结论，布拉默和米林顿（Brammer and Millington，2008）认为这两者存在一定的关系，但股权集中度不可过高，否则引起大股东操纵等问题会影响其对外披露的公司财务信息和环境信息。在对肯尼亚上市公司的研究中，巴拉科等（Barako et al.，2006）进一步发现股权集中度与自愿信息披露的正相关关系，但研究外资股权集中度的学者发现了其与企业环境信息披露负相关的关系（Karim et al.，2006），罗伯特（Robert，1992）也认为股权分散的企业更容易披露环境信息。国内学者也得出二者之间有相关关系，股权集中程度对企业环境绩效有正向的影响（陈洪涛，2017）。我国上市公司一股独大的现象比较明显，而集中的股权使得决定权掌握在少数有实力的人手中，这对于政策法规的推行具有高效的实施优势，省去了股东间博弈的时间成本，更快速有效地推进环境信息披露制度，进而提高环境信息披露质量。

按照控股股东的性质，上市公司分为国有企业和非国有企业。国有企业和非国有企业差别较大，企业文化、发展战略、经营目标等都各有特点，已有的社会责任理论认为，大型企业在一定阶段会以社会责任的承担为目标。国有企业相较非国有企业而言具有政治背景，受到国家的直接管控和治理，能得到国家更多的扶持（Huang et al.，2010）和更大的政治关注度（Makhija and Patten，2004），还会受到来自国资出台的《关于中央企业履行社会责任的意见》（2007）和《中央企业节能减排监督管理暂行办法》（2010）等相关法规的压力，因此倾向于披露更多环境信息。而且，国有企业代表国家形象，会更愿意履行社会责任和保护环境，维护品牌形象，而个人企业在环境信息披露方面则表现最差。卢馨等（2010）研究指出，相比较于非国有企业，国有企业的信息披露质量更高。学者对马来西亚的公司研究也得出所有权特征与社会责任之间显著的相关性（Saleh et al.，2010）。

基于此，提出如下假设：

假设5.2d：股权集中度越强，企业环境信息披露质量越高。

假设5.2e：上市公司的国有企业特征会提高企业环境信息披露的质量。

综上所述，提出企业环境信息披露质量内部影响因素的研究假设如表5－18所示。

表5－18 　　　　　企业环境信息披露质量内部影响因素研究假设

序号	假设
假设5.1	企业规模越大，企业环境信息披露质量越高
假设5.2a	高管受教育程度越高，企业环境信息披露质量越高
假设5.2b	高管任期越长，企业环境信息披露质量越高
假设5.2c	董事长与总经理两职分离有助于企业环境信息披露质量的提高
假设5.2d	股权集中度越强，企业环境信息披露质量越高
假设5.2e	上市公司的国有企业特征会提高企业环境信息披露的质量

5.2.2　研究设计

1. 样本选取与数据来源

依据《企业事业单位环境信息公开暂行办法》（自 2015 年 1 月 1 日起施行）、《公开发行证券的公司信息披露内容与格式准则第 2 号〈年度报告的内容与格式〉（2017 年修订)》，当前重污染行业上市公司依旧是环境信息公开的主要监察对象，其环境信息披露水平明显较高（姚圣和孙梦娇，2016)。依照证监会 2012 年发布的《上市公司行业分类指引》，重污染行业被界定为火电、钢铁、水泥、制药等 14 个行业。本书选取了2009～2018 年沪深两市 A 股 434 家重污染行业上市公司作为初始研究样本（考虑到营业收入增长率以前一年营业收入为基底，故剔除 2008 年数据)。为保证数据结果的可靠性，对原始数据作了如下处理：（1）剔除了 *ST、ST 以及 S*ST 的上市公司；（2）剔除了样本期间退市或业务转型为非重污染行业的公司；（3）剔除了相关财务数据缺失的样本公司。为排除极端值的干扰，采用 Winsorize 方法对相应变量进行上下 1% 的缩尾处理，最终得到 282 家上市公司，共 3070 个平衡面板数据。其他研究数据来源于 CSMAR 数据库，数据处理均由 STATA 13 软件完成。

2. 变量定义与衡量

（1）被解释变量。企业环境信息披露质量（简称 CEID）采用内容分析法取值（王凤，2015)，具体包括 16 项等权指标。其中，环保投资、ERP 企业资源信息系统、环保专利以及定期披露环境报告 4 项均为 0～1打分制，其余 12 项按照未披露、一般性披露、详细性披露和定量披露四个维度，分别赋值为 0、1、2、3 分。

（2）解释变量。公司规模（SIZE)，公司规模的衡量标准有很多，例如从业人员数、分公司个数和资产总额，本节采用公司总资产的自然对数来衡量。

高管受教育程度（EDU）采用本科及本科以上取值 1，否则为 0 来衡量。

高管任期（TENURE）用高管任期的平均数来衡量，以月数统计。

两职合一（DUAL），董事长与总经理身兼一职为1，否则为0。

股权集中度（FIRST）采用第一大股东持股比例来衡量。

所有权性质（STATE）是国有企业计为1，否则为0。

（3）控制变量。为了剔除其他因素的影响效应，参考以往研究，还控制了高管年龄、高管政治关联、女性高管、公司偿债能力和盈利能力等影响因素。

高管年龄（AGE）采用高管平均年龄来衡量。

高管政治关联（PC）采用高管中存在政治关联的人数来衡量，高管若曾任或现任政协委员、政府官员或者人大代表则证明其有政治关联。为保证政治关联数据的准确性，首先根据上市公司年报中高管社会背景披露情况确定数值，对于未明确披露政治身份的样本，进一步查询该上市公司所在省、市和区县的人大或政协委员名单来比对，最后与CSMAR数据库中的高管资料一一核对，以保证获取可靠数据。高管的政治关联特征会带来寻租行为，有政府任职背景的高管会利用职权之便给企业争取优惠政策及其他稀缺资源，也会帮助企业第一时间了解政策动向，甚至捕捉政策漏洞，使其有更多的调整空间来披露高质量环境信息。

女性高管（FEMALE）采用董、高、监中女性的参与人数来衡量。随着女性在高管团队的占比越来越重，截至2010年，聘请女性为高管的上市公司所占比例达到67.17%（黄荷暑和周泽将，2015）。尽管如此，性别偏见依旧是现实存在的。企业董事会性别多样性对企业环境可持续性的影响不容忽视，因为女性倾向于把道德定义为对他人的责任意识，而女性传统的社会角色也是抚养和社会导向，基于以上女性主义关怀伦理学（feminine ethics of care）理论，女性参与企业高管中会更加关注企业的社会责任履行情况，环保责任是其中的一个重要方面。有研究显示女性高管的参与会显著提高企业的环保意识，披露更多的企业社会责任信息（Liao et al.，2014；Fernandez et al.，2012），这主要是由于女性高管的利他态度带来的社会福利问题改善（Bernardi and Threadgill，2010），而且女性高管对社会上发生的环境剥削问题通常更敏感（Michelle and Poh，2017）。同时，女性董事也是一种有效的监督机制，可以降低代理成本，解决管理层和其他利益群体之间的冲突（Velte，2017）。尽管也有实证研究表明女性高管的参与并不会显著影响企业社会责任的履行（Safari et al.，2014），但大多数研究得出女性更注重道德责任（Smith et al.，2001；Marz et al.，2003）。

盈利能力（ROA）作为企业经济绩效的代理变量。

偿债能力（LEV）反映企业的财务风险和财务资源冗余程度。高负债意味着高风险，高资产负债率的企业可能接近债务违约，同时面临较高的资本成本。

所有变量具体定义如表 5 - 19 所示。

表 5 - 19　　　　　　　　　　　变量定义

变量类型	变量名称			变量符号	变量计量
被解释变量	企业环境信息披露质量			CEID	各项目打分加总得到
解释变量	内部因素	公司特征	公司规模	SIZE	公司总资产的自然对数
		公司治理	高管受教育程度	EDU	高管平均受教育程度
			高管任期	TENURE	高管任期的平均数（以月统计）
			两职合一	DUAL	董事长与总经理身兼一职为1，否则为0
			股权集中度	FIRST	第一大股东持股比例（%）
			所有权性质	STATE	是国有企业计为1，否则为0
控制变量	高管年龄			AGE	高管平均年龄
	高管政治关联			PC	高管中存在政治关联的人数合计
	女性高管			FEMALE	女性在高管中的人数
	偿债能力			LEV	资产负债率
	盈利能力			ROA	资产报酬率

资料来源：笔者根据收集的2009～2018年沪深两市A股重污染行业上市公司数据整理而得。

3. 模型设计

为了检验公司规模、高管受教育程度、高管任期、两职合一、股权集中度和所有权性质对企业环境信息披露质量的影响，构建如下模型来检验假设5.1～假设5.2e。

$$CEID_{it} = \gamma_0 + \gamma_1 SIZE_{it} + \gamma_2 EDU_{it} + \gamma_3 TENURE_{it} + \gamma_4 DUAL_{it} + \gamma_5 FIRST_{it}$$
$$+ \gamma_6 STATE_{it} + \gamma_7 AGE_{it} + \gamma_8 PC_{it} + \gamma_9 LEV_{it} + \gamma_{10} ROA_{it} + \gamma_{11} GROWTH_{it} + \varepsilon_{it}$$

$$(5-9)$$

其中，i 表示企业，t 表示年份，$CEID_{it}$ 代表 i 公司在第 t 年的环境信息披露质量；主要解释变量分别是$SIZE_{it}$、EDU_{it}、$TENURE_{it}$、$DUAL_{it}$、$FIRST_{it}$、$STATE_{it}$；ε_{it} 为随机干扰项；γ_0 为截距项；其余变量均为控制变量。

5.2.3 实证检验和结果分析

1. 描述性统计

从表 5-20 的描述性统计可以看出，公司特征变量的公司规模均值在22.5349，最小值17.2542，最大值29.3744，说明样本企业平均资产在50亿元左右，企业之间差异较大，但整体水平都较高。公司治理变量中，高管受教育程度平均在大专和本科之间；高管任期平均在 41 个月左右，也就是 3 年半时间；董事长和总经理两职合一的概率平均在20.91%，处于一个较低的水平，也就是样本企业董事长和总经理分离任职的情况占多数；第一大股东持股比例平均约为 36.16%，最大的持股比例为79.38%，股权集中度整体水平较高；企业所有权性质中，63.45%的企业为国有企业，说明重污染行业上市公司国有占比多。

表 5-20　　　　　变量的描述性统计

变量	样本数	均值	标准差	最小值	最大值
CEID	3070	14.1358	7.0778	0	35
SIZE	3070	22.5349	1.5583	17.2542	29.3744
EDU	3070	2.1184	1.7234	0	5
TENURE	3070	40.7173	21.2430	3	101
DUAL	3070	0.2091	0.4067	0	1
FIRST	3070	36.1632	16.2271	0.4	79.38
STATE	3070	0.6345	0.4816	0	1
AGE	3070	49.8939	2.9561	42.25	56.73
PC	3070	2.4176	2.7481	0	16

续表

变量	样本数	均值	标准差	最小值	最大值
FEMALE	3070	2.7879	1.8669	0	8
LEV	3070	0.5147	0.2217	0.0595	1.2083
ROA	3070	0.0309	0.0692	−0.2738	0.2466

资料来源：笔者根据收集的 2009~2018 年沪深两市 A 股重污染行业上市公司数据整理而得。

控制变量中，高管平均年龄为 50 岁，年纪最轻的高管也在 40 岁以上；高管政治关联的平均值约为 2 人，说明高管中普遍存在与政府的政治关联；女性高管的均值约为 3 人，在高管中普遍存在女性当职；资产负债率平均为 51.47%，一般认为，资产负债率的适宜水平是 40%~60%，说明样本公司总体资产负债率比较适宜；盈利能力平均为 3.09%，略高于银行同期利率水平，但按照 15% 以上才属于高资产回报率的标准来说仍处于较低水平。

2. 相关性分析

从表 5-21 的相关性分析结果可以看出，被解释变量企业环境信息披露质量和各解释变量之间存在显著相关关系。企业环境信息披露质量与公司规模、高管受教育程度、高管任期、股权集中度、所有权性质和政府监管显著正相关，与两职合一显著负相关。各变量间相关系数绝对值均小于 0.5，说明各解释变量之间相关关系较弱，不存在严重的多重共线性问题，可以将所有解释变量回归进同一模型检验。

表 5-21　　　　　　　　　主要变量的相关性分析

变量	CEID	SIZE	EDU	TENURE	DUAL	FIRST	STATE
CEID	1						
SIZE	0.446***	1					
EDU	0.121***	0.136***	1				
TENURE	0.121***	0.125***	0.211***	1			
DUAL	−0.089***	−0.061***	−0.051***	−0.051***	1		
FIRST	0.248***	0.328***	−0.000	−0.003	−0.061***	1	
STATE	0.179***	0.239***	−0.073***	−0.067***	−0.162***	0.297***	1

注：*** 表示在 1% 的水平上显著。
资料来源：笔者根据收集的 2009~2018 年沪深两市 A 股重污染行业上市公司数据整理而得。

3. 实证结果分析

在模型（5 - 9）中依次加入公司特征和公司治理等内部影响因素进行回归，回归结果对应表 5 - 22 中的 Panel I 和 Panel II。考虑到不同企业的个体差异，控制了个体固定效应。从表中 Panel I 和 Panel II 的回归结果可以看出，公司规模对企业环境信息披露质量的影响在 1% 的水平上显著，说明企业环境信息披露质量会随着公司规模的增大而显著提高。因而，假设 5.1 得到验证。

从表 5 - 22 中 Panel II 的回归结果可以看出，公司治理变量中，高管受教育程度、高管任期和股权集中度与企业环境信息披露质量在 1% 的水平上显著正相关，说明随着高管受教育程度的提高、高管任期的增长和股权集中度的增加，企业环境信息披露质量会显著提高；两职合一和企业环境信息披露质量在 1% 的水平上显著负相关，说明董事长和总经理由一人同时担任会显著降低企业环境信息披露质量；所有权性质和企业环境信息披露质量在 10% 的水平上显著负相关，说明国有企业的特性会显著降低企业环境信息披露质量。假设 5.2a ～ 假设 5.2e 均得到验证。

表 5 - 22　　　　　企业环境信息披露质量内部影响因素回归结果

变量	CEID	
	Panel I	Panel II
SIZE	1.5432 *** (11.39)	1.3098 *** (9.57)
EDU		0.3704 *** (4.76)
TENURE		0.0248 *** (4.06)
DUAL		- 0.9499 *** (- 3.30)
FIRST		0.0382 *** (3.10)
STATE		- 0.8518 * (- 1.94)

续表

变量	CEID	
	Panel I	Panel II
AGE	0.3245 *** (5.59)	0.1372 ** (2.07)
PC	-0.0668 (-1.37)	-0.0244 (-0.50)
FEMALE	0.1472 * (1.79)	0.0593 (0.72)
LEV	-1.2466 (-1.55)	-1.1150 (-1.39)
ROA	-2.6093 (-1.43)	-2.4669 (-1.36)
常数项	-38.2078 *** (-9.06)	-25.6855 *** (-5.54)
个体固定效应	控制	控制
R^2	0.5449	0.5566
F 值	10.58 ***	10.90 ***

注: * 、 ** 、 *** 分别表示在10%、5%、1%的水平上显著。括号内代表 t 值。
资料来源: 笔者根据收集的2009～2018年沪深两市 A 股重污染行业上市公司数据回归而得。

控制变量中，高管年龄在 Panel I 和 Panel II 中分别在 1% 和 5% 的水平上与企业环境信息披露质量显著正相关，说明高管年龄越长、阅历越丰富，越有助于企业环境信息披露质量的提升。女性高管变量在 Panel I 中在 10% 的水平上与企业环境信息披露质量显著正相关，说明女性高管的参与会显著提高企业环境信息披露质量，但当模型加入了公司治理因素变量后，在 Panel II 中女性高管这一变量回归结果并不显著，说明女性高管的参与对企业环境信息披露质量影响结果并不稳健。其余控制变量均与企业环境信息披露质量没有显著影响关系。

4. 稳健型检验

由于影响企业环境信息披露质量的因素较多，为了验证上述结果的稳健性，采用增加控制变量法来进行稳健性检验。增加的控制变量分别是公司成长性（GROWTH）和独立董事（INDEP），公司成长性由营业收入增长率来衡量，独立董事由独董的个数来衡量。描述性统计结果显示，公司营业收入增长率均值为 11. 1923，独立董事个数均值为 4 人左右。稳健性检验结果如表 5 - 23 所示，公司规模、高管受教育程度、高管任期、股权集中度和所有权性质对企业环境信息披露质量有显著正向影响，两职合一有显著负向影响作用，这一结果与之前的检验结果保持一致。控制变量中，除了女性高管在 Panel I 中的显著正向影响外，独立董事在 Panel I 中与企业环境信息披露质量显著负相关，说明独立董事数量的增加会降低企业环境信息披露质量，但这一结果在 Panel II 中并未显示，说明该影响因素作用不稳定。综上所述，主要解释变量的显著性检验与之前的检验结果保持一致，说明企业环境责任信息披露质量的影响因素检验具有较好的稳健性。

表 5 - 23　　　　　　　　　　　　　　稳健性检验

变量	CEID	
	Panel I	Panel II
SIZE	1. 5230 *** (11. 29)	1. 3019 *** (9. 50)
EDU		0. 3605 *** (4. 62)
TENURE		0. 0245 *** (4. 01)
DUAL		- 0. 9729 *** (- 3. 38)
FIRST		0. 0374 *** (3. 03)
STATE		- 0. 8491 * (- 1. 93)
AGE	0. 3392 *** (5. 80)	0. 1497 ** (2. 24)

变量	CEID	
	Panel I	Panel II
PC	−0.0609 (−1.24)	−0.0215 (−0.44)
FEMALE	0.1889 ** (2.22)	0.0879 (1.03)
LEV	−1.2436 (−1.54)	−1.1204 (−1.40)
ROA	−2.6225 (−1.44)	−2.4686 (−1.36)
GROWTH	0.0033 (1.23)	0.0032 (1.22)
INDEP	−0.1851 * (−1.89)	−0.1213 (−1.25)
常数项	−37.9719 *** (−8.99)	−25.7110 *** (−5.54)
个体固定效应	控制	控制
R^2	0.5458	0.5571
F 值	10.54 ***	10.84 ***

注：*、**、*** 分别表示在 10%、5%、1% 的水平上显著。括号内代表 t 值。
资料来源：笔者根据收集的 2009～2018 年沪深两市 A 股重污染行业上市公司数据回归而得。

5.3 社会压力对企业环境信息披露质量的影响

企业环境信息披露质量除了受到前述的政府政策、企业内部等因素的影响，外部社会压力对企业环境信息披露质量也有重要影响作用，这是社会公众及相关社会组织带给企业环境信息公开质量的监督压力。从我国目前监管实践来看，外部监管机构对规范上市公司的环境信息披露质量有着重要作用，可以通过加大监管力度、加重处罚程度等来实现

（向希培，2013）。

5.3.1　理论分析与研究假设

企业受到的外部压力主要来自政府、债权人、社会公众、社会组织等。政府的监督和管理是企业最初进行环境治理的原动力，除了政府监督，社会公众及社会组织的监督压力也会提高企业环境信息披露质量。帕滕（Patten，1992）研究表明，公司会迫于公共压力提高环境信息的披露。监管制度压力越大，环境信息披露水平越高（王建明，2008）。在我国，环境司法条例尚不完善，且执法成本高，所以法律强制并不能有效实施，而直接制止存在治标不治本的现象。随着社会环境保护意识和监管组织力度的增强，企业面临越来越严格的环境治理标准，这会使得企业的经营和社会形象承受严峻的压力。企业为了应对公共压力，就会选择高标准严要求治理企业环境，提高自身环境信息公开质量，进而满足利益主体的需求（赵家正和赵康睿，2018）。因为，企业疏忽环境会引发巨大的成本，包括游说利益相关者的成本、失去信誉的成本等（Cormier and Magnan，2000）。因此，企业面临的社会压力越大，其披露环境信息的质量也越高，企业环境信息披露质量会因社会压力的加强而大幅度提升。据此提出假设5.3。

假设5.3：社会压力越大，企业环境信息披露质量越高。

5.3.2　研究设计

1. 样本选取与数据来源

依据前文内部影响因素选取样本缘由，同样选取2009～2018年沪深两市A股434家重污染行业上市公司作为初始研究样本（考虑到PITI数据从2009年开始，仍然剔除2008年数据）。并同样剔除*ST、ST以及S*ST的上市公司、剔除样本期间退市或业务转型为非重污染行业的公司、剔除相关财务数据缺失的样本公司，缩尾处理最终得到282家上市公司，共3070个平衡面板数据。其他研究数据来源于CSMAR数据库，数据处理均由 STATA 13 软件完成。

2. 变量定义与衡量

（1）被解释变量。企业环境信息披露质量与前文一致，采用内容分析法计算得出。具体包括 16 项等权指标。

（2）解释变量。社会压力用 PITI 指数来衡量，PITI 指数是由公众环境研究中心（IPE）开发的对全国 120 个重点环保城市的环境信息公开状况的评价得分，客观反映了整座城市的环境信息披露质量，若企业所处城市的环境信息披露水平较高，则企业排污信息掩藏概率较低，越有可能被列入重点排污单位名录内特别监管。本书样本 282 家重污染行业上市公司按照其公司注册地划分，全部属于 120 个重点环保城市区域。

（3）控制变量。控制变量同样选取高管年龄、高管政治关联、女性高管、公司偿债能力和盈利能力等影响因素。

3. 模型设计

为了检验社会压力对企业环境信息披露质量的影响，构建如下模型：

$$CEID_{it} = \delta_0 + \delta_7 PITI_{it} + \delta_8 AGE_{it} + \delta_9 PC_{it} + \delta_{10} LEV_{it}$$
$$+ \delta_{11} ROA_{it} + \delta_{12} GROWTH_{it} + \varepsilon_{it} \qquad (5-10)$$

其中，i 表示企业，t 表示年份，$CEID_{it}$ 代表 i 公司在第 t 年的环境信息披露质量；$PITI_{it}$ 是解释变量；ε_{it} 为随机干扰项；δ_0 为截距项；其余变量均为控制变量。

5.3.3 实证检验和结果分析

1. 描述性统计与相关性分析

从表 5-24 的描述性统计结果可以看出，社会压力平均值为 49.1545 分，最小为 10.2 分，最大为 81.4 分，按照满分 100 分的标准，样本企业所在城市污染源监管信息公开程度差异较大，且平均水平较低，未达到及格分（60 分），说明样本企业在污染源信息公开方面整体水平较差。

表 5 - 24 变量统计性描述

变量	样本数	均值	标准差	最小值	最大值
CEID	3070	14.1358	7.0778	0	35
PITI	3070	49.1545	17.5813	10.2	81.4
AGE	3070	49.8939	2.9561	42.25	56.73
PC	3070	2.4176	2.7481	0	16
FEMALE	3070	2.7879	1.8669	0	8
LEV	3070	0.5147	0.2217	0.0595	1.2083
ROA	3070	0.0309	0.0692	-0.2738	0.2466

资料来源：笔者根据收集的 2009~2018 年沪深两市 A 股重污染行业上市公司数据整理而得。

被解释变量 CEID 和社会压力（PITI）之间在 1% 显著性水平上存在显著正相关关系，相关系数为 0.071。各变量间相关系数绝对值均小于 0.5，说明不存在严重的多重共线性问题。

2. 实证结果分析

在模型（5-10）中依次加入社会压力和上文检验的内部影响因素进行回归，回归结果对应表 5-25 中的 Panel I、Panel II，其中 Panel II 是将全部内部、外部影响因素纳入模型（5-10）的回归结果。考虑到不同企业的个体差异，控制了个体固定效应。从表中 Panel I 的回归结果可以看出，社会压力对企业环境信息披露质量的影响在 1% 的水平上显著正相关，说明社会监管程度越高，企业环境信息披露质量就越高。因而，假设 5.3 得到验证。

从表 5-25 中 Panel I ~ Panel II 的回归结果可以看出，公司规模与企业环境信息披露质量在 1% 水平上显著正相关，说明随着公司规模的增大，企业环境信息披露质量会提高；公司治理变量中，高管受教育程度、高管任期和股权集中度与企业环境信息披露质量在 1% 水平上显著正相关，说明随着高管受教育程度的提高、高管任期的增长和股权集中度的增加，企业环境信息披露质量会显著提高；两职合一和企业环境信息披露质量在 1% 的水平上显著负相关，说明董事长和总经理由一人同时担任会显著降低企业环境信息披露质量；所有权性质和企业环境信息披露质量在 10% 的水平上显著负相关，说明国有企业的特性会显著降低企业环境信息披露质量。

表 5 - 25　　　　　社会压力对企业环境信息披露质量影响回归结果

变量	CEID	
	Panel I	Panel II
PITI	0. 0674 ***	0. 0371 ***
	(8. 65)	(4. 49)
SIZE		1. 2050 ***
		(8. 70)
EDU		0. 2853 ***
		(3. 57)
TENURE		0. 0221 ***
		(3. 62)
DUAL		- 0. 9389 ***
		(- 3. 28)
FIRST		0. 0412 ***
		(3. 35)
STATE		- 0. 8216 *
		(- 1. 88)
AGE	0. 3854 ***	0. 1296 **
	(7. 29)	(1. 96)
PC	- 0. 0402	0. 0232
	(- 0. 82)	(0. 46)
FEMALE	0. 0174	0. 0372
	(0. 27)	(0. 45)
LEV	0. 2239	- 0. 7710
	(0. 77)	(- 0. 96)
ROA	0. 1679	- 2. 1934
	(0. 58)	(- 1. 21)
常数项	- 5. 4350 *	- 24. 1361 ***
	(- 1. 77)	(- 5. 21)

变量	CEID	
	Panel I	Panel II
个体固定效应	控制	控制
R^2	0.5340	0.5598
F 值	10.13 ***	11.00 ***

注：*、**、*** 分别表示在 10%、5%、1% 的水平上显著。括号内代表 t 值。
资料来源：笔者根据收集的 2009～2018 年沪深两市 A 股重污染行业上市公司数据回归而得。

控制变量中，高管年龄在 Panel I～Panel II 中分别在 1% 和 5% 的水平上与企业环境信息披露质量显著正相关，说明高管年龄越长、阅历越丰富，越有助于企业环境信息披露质量的提升。其余控制变量均与企业环境信息披露质量没有显著影响关系。

3. 稳健性检验

与内部因素稳健性检验相同，社会压力对企业环境信息披露质量的稳健性检验依旧采用增加控制变量法。增加的控制变量还是公司成长性（GROWTH）和独立董事（INDEP），公司成长性由营业收入增长率来衡量，独立董事由独董的个数来衡量。稳健性检验结果如表 5-26 所示，社会压力对企业环境信息披露质量有显著正向影响，这一结果与之前的检验结果保持一致。控制变量中，企业成长性在 Panel I 中与企业环境信息披露质量显著正相关，说明公司营业收入增长率越高，企业环境信息披露质量越高，但这一结果在 Panel II 中并未显示，说明该影响因素作用不稳定。综上所述，主要解释变量的显著性检验与之前的检验结果保持一致，说明社会压力对企业环境责任信息披露质量的影响因素检验具有较好的稳健性。

表 5-26　　　　　　　　　　稳健性检验

变量	CEID	
	Panel I	Panel II
PITI	0.0676 ***	0.0372 ***
	(8.68)	(4.49)
SIZE		1.1967 ***
		(8.64)

续表

变量	CEID	
	Panel I	Panel II
EDU		0. 2754 ***
		(3. 44)
TENURE		0. 0219 ***
		(3. 58)
DUAL		− 0. 9629 ***
		(− 3. 36)
FIRST		0. 0405 ***
		(3. 28)
STATE		− 0. 8189 *
		(− 1. 87)
AGE	0. 3940 ***	0. 1415 **
	(7. 40)	(1. 96)
PC	− 0. 0394	0. 0258
	(− 0. 80)	(0. 51)
FEMALE	0. 0360	0. 0642
	(0. 54)	(0. 75)
LEV	0. 2214	− 0. 7767
	(0. 76)	(− 0. 97)
ROA	0. 1620	− 2. 1946
	(0. 56)	(− 1. 21)
GROWTH	0. 0002 **	0. 0035
	(2. 39)	(1. 32)
INDEP	− 0. 1159	− 0. 1147
	(− 1. 27)	(− 1. 18)
常数项	− 5. 5961 *	− 24. 1815 ***
	(− 1. 82)	(− 5. 22)
个体固定效应	控制	控制
R^2	0. 5352	0. 5603
F 值	10. 10 ***	10. 95 ***

注: * 、 ** 、 *** 分别表示在10% 、5% 、1% 的水平上显著。括号内代表 t 值。
资料来源: 笔者根据收集的 2009 ~ 2018 年沪深两市 A 股重污染行业上市公司数据回归而得。

第六章 企业环境信息披露的经济后果

在对 2008～2018 年沪深两市 A 股重污染行业上市公司环境信息披露质量时空演进分析以及影响因素分析的基础上，本章对企业环境信息披露质量提高的经济后果进行研究。上市公司普遍存在盈余管理，比起应计盈余管理，真实盈余管理活动空间更大，隐蔽性更强，更易被监管方忽视。

已有研究对企业环境信息披露和盈余管理进行了初步探讨，认为企业环境信息披露会约束盈余管理，二者间具有替代效应（陈玲芳，2015；姚圣和孙梦娇，2016）。但是，我国企业环境信息披露还处于自愿披露和强制性披露相结合的阶段，企业披露环境信息既可能是一种负责任的道德行为，也可能是一种掩饰包装的机会主义行为，环境信息可能被企业工具性地使用，成为其进行印象管理的手段。社会责任表现较好的企业，越容易进行真实盈余管理，所以，企业披露非财务信息的一个动机是为了隐藏真实盈余管理（程新生等，2015）。根据美国数据研究表明，环境信息披露可以为公司降低潜在的监管成本，高水平环境信息披露的公司往往倾向于虚增盈余（Patten and Trompeter，2003）。此外，企业环境信息披露与盈余管理之间的关系受到诸多因素的调节作用。马丁内斯等（Martinez et al.，2015）研究发现，利益相关者和投资者保护等制度因素可以显著调节这二者之间的关系；董事会、监事会等内部治理因素会影响环境信息披露与应计盈余管理之间关系（Sun et al.，2010）。

企业高层管理人员的作用主要是参与重大决策和部门的具体事务负责，指引着企业的发展方向，肩负着企业运营的重任，高管对于企业环境信息披露质量的影响起到至关重要的作用，公司高管亦会操纵盈余管理水平。周晓惠等（2017）研究得出，高管年龄与受教育程度差异越大，越会提高企业应计盈余管理程度，而任期差异越大则会降低应计盈余管理程度。公司高管有政治关联时，其会计信息质量较低（王学军和尹改丽，2017）。高管薪酬往往与公司业绩挂钩，薪酬越高越能够降低企业应计盈余管理水平；董事会规模较大时，也会加强监管进而减少应计盈余管理，第一大股东持股比例越高，企业的应计盈余质量就越低。

在我国现有制度环境下，三千五百多家上市公司不仅仅是地方政府展示业绩的资本，也是地方经济增长的主力军。上市公司高管更是人力资源市场上的佼佼者，他们驾驭着少有的经济资源，对财务与非财务信息披露有着一定程度的自由裁量权（程新生等，2015）。机会主义使得环境信息披露被工具性使用的可能性大大增加，高质量的环境信息披露可能隐藏着真实盈余管理的动机，这会对政府监管、资本市场有效运行以及投资者决策等带来负面影响。国内不乏企业社会责任信息披露对盈余管理影响的实证研究，然而，具体到环境信息披露与真实盈余管理关系的研究较少。从研究方法上看，现有研究多是从静态视角考察了当期环境信息披露对当期盈余管理的影响，鉴于信息披露需要经历从信息发布、信息传递再到信息接收的过程，环境信息披露可能存在滞后期效应，有必要深入探究这种动态影响（张兆国等，2013）。因此，本章关注于企业的真实盈余管理，从总体上检验企业环境信息披露质量与真实盈余管理之间的相关性，并将高管特征作为重要调节变量研究对这二者间关系的调节作用。

6.1　理论分析与研究假设

6.1.1　企业环境信息披露质量与盈余管理

企业生产经营活动带来的生态环境影响及其内部环境管理等信息很难从企业对外披露的财务报告中获知，而环境信息披露报告就成为外界了解并评判企业环境绩效的重要依据。根据信号传递理论，披露高质量的环境信息会向市场传递企业拥有较好的生产管理效益的信号，树立良好的社会形象，进而赢得社会公众的信赖，企业会更加诚实守信，自觉减少真实盈余管理（陈玲芳，2015）。然而，面对较大的产业转型升级压力或是不严格的监管制度环境，企业也可能有意提高环境信息披露质量，给投资人一种积极履行环境保护责任的印象，转移投资人和监管者的注意力，进而忽略了企业的盈余管理行为，而且，由于应计盈余管理的风险较大，真实盈余管理与正常生产经营活动难以区分，隐蔽性极强，故企业更易进行真实盈余管理活动。考虑到一方面企业环境信息的披露与使用有延迟现象，正式与非正式渠道的传递效果可能存在滞后影响；另一方面，利益相关方接收信息后作出的反应会影响高管是否进行盈余管理的决策，换言之，高管会根据市场反应适时进行盈余管理，这很大可能发生在环境信息披露后的时间段。故环境信息披露对滞后一期甚至几期的盈余管理都有影响。因此，本书提出如下假设：

假设 6.1：控制其他因素下，企业环境信息披露质量越高，企业真实盈余管理程度越高，且存在滞后效应。

6.1.2　高管特征的调节作用

高管个人特征诸如性别、年龄、受教育程度等影响其个人认知和判断力（Cheng et al.，2017）。此外，分别代表个人社会资源、收入水平、内部监督的高管政治关联、高管薪酬以及高管规模等特征也不可忽视。有政府任职背景的高管会利用职权之便给企业争取优惠政策及其他稀缺资源，也会帮助企业第一时间了解政策动向，甚至捕捉政策漏洞，使其有更多的调整空间来披露高质量环境信息。同时，资本市场动机、契约动机以及监管动机都可能促使高管操纵盈余。政治关联对企业盈余管理具有一定的庇护作用，当盈余操纵被政府发现时，企业面临的诉讼风险或者违规处罚都较小，高管会倚仗这种社会资源加剧企业机会主义行为，据此提出假设 6.2a（Yu and Yu，2011）。

假设 6.2a：高管政治关联会正向调节企业环境信息披露质量与真实盈余管理之间的关系，即当高管政治关联程度较高时，企业因为环境信息披露质量的提高而虚增盈余的程度会越高。

薪酬激励有助于减少高管的利己行为，提高其工作积极性，促进企业更加积极地履行社会责任，因而企业环境信息披露质量较高。薪酬是上市公司盈余管理的一个重要诱因，高管为了获取更高薪酬会采取各种手段提高会计利润。当高管获得了预期的薪酬后，就会规避盈余管理的风险，积极参与公司治理，提高环境信息披露质量。反之，若高管对其薪酬水平不满意，即高管认为自己的薪酬水平较低或是与其劳动贡献不匹配时，会增加企业盈余管理的动机，利用环境信息披露掩盖真实盈余管理就成为一种选择。据此提出假设 6.2b。

假设 6.2b：高管薪酬会负向调节企业环境信息披露质量与真实盈余管理之间的关系，即当高管薪酬较高时，企业因为环境信息披露质量的提高而虚增盈余的程度会降低。

高管规模代表了公司内部治理结构，也是公司内部权力制衡的重要机制之一。高管人数增多时，增加了各方的利益冲突，涉及调整企业实际经营管理活动的真实盈余管理难以在诸多高管之间达成一致，高管之间权力相互牵制增大了合谋的难度。因此，当企业在环境信息披露水平较高时，高管规模会抑制真实盈余管理。基于此，提出假设 6.2c。

假设 6.2c：高管规模会负向调节企业环境信息披露质量与真实盈余管理之间的关系，即当高管规模较大时，企业因为环境信息披露质量的提高而虚增盈余的程度会降低。

6.2　研究设计

6.2.1　样本选取与数据来源

选取 2008～2017 年沪深两市 A 股 398 家重污染行业上市公司作为初始研究样本。为保证数据结果的可靠性，对原始数据同样作了剔除 *ST、ST 以及 S*ST 的上市公司；剔除样本期间退市或业务转型为非重污染行业的公司；剔除了相关财务数据缺失的样本公司处理。并经 1% 缩尾处理最终得到 3387 个平衡面板数据。其他研究数据来源于 CSMAR 数据库。数据处理采用软件 STATA 13。

6.2.2 变量定义与衡量

1. 被解释变量

真实盈余管理（REM）是企业通过构建真实经营活动从销售操控、生产操控以及酌量性费用操控三个方面调整盈余的管理活动。本书选取应用范围较广的罗伊乔杜里（Roychowdhury, 2006）模型考量真实盈余管理，具体计算公式如下。

$$\frac{CFO_{i,t}}{A_{i,t-1}} = a_0 + a_1 \frac{1}{A_{i,t-1}} + a_2 \frac{S_{i,t}}{A_{i,t-1}} + a_3 \frac{\Delta S_{i,t}}{A_{i,t-1}} + e_{i,t} \quad (6-1)$$

$$\frac{PROD_{i,t}}{A_{i,t-1}} = b_0 + b_1 \frac{1}{A_{i,t-1}} + b_2 \frac{S_{i,t}}{A_{i,t-1}} + b_3 \frac{\Delta S_{i,t}}{A_{i,t-1}} + b_4 \frac{\Delta S_{i,t-1}}{A_{i,t-1}} + e_{i,t} \quad (6-2)$$

$$\frac{DISEX_{i,t}}{A_{i,t-1}} = c_0 + c_1 \frac{1}{A_{i,t-1}} + c_2 \frac{S_{i,t-1}}{A_{i,t-1}} + e_{i,t} \quad (6-3)$$

$$REM_{i,t} = Ab\_PROD_{i,t} - Ab\_CFO_{i,t} - Ab\_DISEX_{i,t} \quad (6-4)$$

依据罗伊乔杜里模型，分别对公式（6-1）、公式（6-2）、公式（6-3）进行分年度分行业回归，得出的残差项绝对值分别代表销售操控额（Ab_CFO$_{i,t}$）、生产操控额（Ab_PROD$_{i,t}$）以及酌量性费用操控额（Ab_DISEX$_{i,t}$）。借鉴科恩等（Cohen et al., 2008）数据处理方法，将 Ab_CFO$_{i,t}$、Ab_PROD$_{i,t}$ 以及 Ab_DISEX$_{i,t}$ 代入公式（6-4）计算并取绝对值，得到真实盈余管理。

其中，CFO$_{i,t}$ 表示当年经营活动现金流量净额，PROD$_{i,t}$ 表示当年生产成本，为当年营业成本与存货变化之和，DISEX$_{i,t}$ 表示酌量性费用，为销售费用和管理费用之和，A$_{i,t-1}$ 表示上一年年末资产总额，S$_{i,t}$ 表示当年营业收入，S$_{i,t-1}$ 为上一年的营业收入，$\Delta S_{i,t}$ 表示当年与上一年营业收入之差，$\Delta S_{i,t-1}$ 表示上一年与上两年营业收入的差额。

2. 解释变量

企业环境信息披露质量与前文一致，采用内容分析法计算得出，具体包括 16 项等权指标。

3. 调节变量

高管政治关联（PC）采用高管中存在政治关联的人数来衡量，高管若曾任或现任政协委员、政府官员或者人大代表则证明其有政治关联。

高管薪酬（COMP）采用高管货币薪酬考量，未考虑股权薪酬或在职消费等隐性薪酬，采用年报中薪酬数额最高的前三名高管薪酬总额取自然对数来衡量。

高管规模（TM）采用董事、高管及监事的总数衡量，规模较大的高管层更有可能包含较多的高级管理和专业技术人才，内部监管更加规范。

4. 控制变量

为控制影响真实盈余管理的其他因素，借鉴周晓惠等（2017）的研究，将两职合一、股权集中度、高管年龄、受教育程度、高管任期、企业规模、偿债能力、盈利能力、公司成长性、是否四大会计师事务所审计、所有权性质等作为控制变量。所有变量具体定义见表6-1。

表6-1　　　　　　　　　　　　变量定义

变量类型	变量名称	变量符号	变量计量
被解释变量	真实盈余管理	REM	依据伊乔杜里模型计算取绝对值得到
解释变量	企业环境信息披露	CEID	各项目打分加总得到
调节变量	高管政治关联	PC	高管中存在政治关联的人数合计
	高管薪酬	COMP	前三大高管薪酬总额的自然对数
	高管规模	TM	董事监事会及高管层成员总数
控制变量	两职合一	DUAL	董事长与总经理身兼一职为1，否则为0
	股权集中度	FIRST	第一大股东持股比例
	高管年龄	AGE	高管平均年龄
	高管受教育程度	EDU	高管平均受教育程度是本科及本科以上为1，否则为0
	高管任期	TENURE	高管任期的平均数（以月统计）
	企业规模	SIZE	公司总资产的自然对数
	偿债能力	LEV	资产负债率

变量类型	变量名称	变量符号	变量计量
	盈利能力	ROA	资产报酬率
	公司成长性	GROWTH	营业收入增长率
控制变量	是否四大审计	BIG	是四大会计师事务所审计计为1，否则为0
	所有权性质	STATE	是国有企业计为1，否则为0

资料来源：笔者根据收集的 2008～2017 年沪深两市 A 股重污染行业上市公司数据整理而得。

6.2.3 模型设计

为了检验假设 6.1，即企业是否会通过环境信息披露掩盖真实盈余管理以及是否存在滞后效应，构建模型（6 - 5）如下。

$$REM_{it} = \theta_0 + \theta_1 CEID_{i,t-j} + \theta_2 PC_{it} + \theta_3 COMP_{it} + \theta_4 TM_{it} + \theta_5 DUAL_{it}$$
$$+ \theta_6 FIRST_{it} + \theta_7 AGE_{it} + \theta_8 EDU_{it} + \theta_9 TENURE_{it} + \theta_{10} SIZE_{it}$$
$$+ \theta_{11} LEV_{it} + \theta_{12} ROA_{it} + \theta_{13} GROWTH_{it} + \theta_{14} BIG_{it} + \theta_{15} STATE_{it}$$
$$+ \sum YEAR + \sum INDUSTRY + \varepsilon_{it} \qquad (6-5)$$

参考已有研究，滞后项选择到滞后两期就能满足信息的完整性（张兆国等，2013）。因此，在模型（6 - 5）中，j 取 0、1 和 2，"t""t + 1"及"t + 2"分别代表当期、滞后一期与滞后两期。$\sum YEAR$ 和 $\sum INDUSTRY$ 表示控制了年份和行业固定效应。

为了检验假设 6.2a～假设 6.2c，即验证高管对环境信息披露质量与真实盈余管理关系的调节作用，构建模型（6 - 6）～模型（6 - 9）如下。

$$REM_{it} = \rho_0 + \rho_1 CEID_{it} + \rho_2 CEID_{it} \times PC_{it} + \rho_3 PC_{it} + \rho_4 COMP_{it} + \rho_5 TM_{it}$$
$$+ \rho_6 DUAL_{it} + \rho_7 FIRST_{it} + \rho_8 AGE_{it} + \rho_9 EDU_{it} + \rho_{10} TENURE_{it}$$
$$+ \rho_{11} SIZE_{it} + \rho_{12} LEV_{it} + \rho_{13} ROA_{it} + \rho_{14} GROWTH_{it} + \rho_{15} BIG_{it}$$
$$+ \rho_{16} STATE_{it} + \sum YEAR + \sum INDUSTRY + \varepsilon_{it} \qquad (6-6)$$
$$REM_{it} = \sigma_0 + \sigma_1 CEID_{it} + \sigma_2 CEID_{it} \times COMP_{it} + \sigma_3 PC_{it} + \sigma_4 COMP_{it}$$
$$+ \sigma_5 TM_{it} + \sigma_6 DUAL_{it} + \sigma_7 FIRST_{it} + \sigma_8 AGE_{it} + \sigma_9 EDU_{it}$$
$$+ \sigma_{10} TENURE_{it} + \sigma_{11} SIZE_{it} + \sigma_{12} LEV_{it} + \sigma_{13} ROA_{it}$$

$$
+ \sigma_{14}GROWTH_{it} + \sigma_{15}BIG_{it} + \sigma_{16}STATE_{it} + \sum YEAR
$$
$$
+ \sum INDUSTRY + \varepsilon_{it} \tag{6-7}
$$
$$
REM_{it} = \eta_0 + \eta_1\,CEID_{it} + \eta_2\,CEID_{it} \times TM_{it} + \eta_3\,PC_{it} + \eta_4COMP_{it}
$$
$$
+ \eta_5TM_{it} + \eta_6DUAL_{it} + \eta_7FIRST_{it} + \eta_8AGE_{it} + \eta_9EDU_{it}
$$
$$
+ \eta_{10}TENURE_{it} + \eta_{11}SIZE_{it} + \eta_{12}LEV_{it} + \eta_{13}ROA_{it} + \eta_{14}GROWTH_{it}
$$
$$
+ \eta_{15}BIG_{it} + \eta_{16}STATE_{it} + \sum YEAR + \sum INDUSTRY + \varepsilon_{it} \tag{6-8}
$$
$$
REM_{it} = \lambda_0 + \lambda_1\,CEID_{it} + \lambda_2\,CEID_{it} \times COMP_{it} + \lambda_3\,CEID_{it} \times TM_{it}
$$
$$
+ \lambda_4COMP_{it} \times TM_{it} + \lambda_5CEID_{it} \times COMP_{it} \times TM_{it} + \lambda_6PC_{it}
$$
$$
+ \lambda_7COMP_{it} + \lambda_8TM_{it} + \lambda_9DUAL_{it} + \lambda_{10}FIRST_{it} + \lambda_{11}AGE_{it}
$$
$$
+ \lambda_{12}EDU_{it} + \lambda_{13}TENURE_{it} + \lambda_{14}SIZE_{it} + \lambda_{15}LEV_{it} + \lambda_{16}ROA_{it}
$$
$$
+ \lambda_{17}GROWTH_{it} + \lambda_{18}BIG_{it} + \lambda_{19}STATE_{it} + \sum YEAR
$$
$$
+ \sum INDUSTRY + \varepsilon_{it} \tag{6-9}
$$

6.3 实证检验和结果分析

6.3.1 描述性统计与相关性分析

根据表6-2描述性统计结果，可以看出：样本公司的平均真实盈余管理水平为0.122，标准差为0.197，最小值为0，最大值为2.529，说明样本公司普遍存在真实盈余管理行为，具有程度差异。CEID平均得分为12.129，最小值为0，最大值为34，标准差为6.366，样本整体的环境信息披露水平较低，且差异较大。高管中有政治关联的人数平均在3人左右，标准差为2.384，全样本中存在政治关联的企业达到344家，占比90.8%，说明上市公司高管政治关联情况普遍存在；前三大高管薪酬总额的平均值达到141.36万元，自然对数平均值为14.162，标准差为0.762，说明高管薪酬整体水平较高且差异较小。高管规模最大为52人，最小为4人，平均在20人左右，标准差为5.293，样本差异较大。此外，21.6%的样本公司存在两职合一现象，第一大股东持股比例平均为36.95%，高管平均年龄在49岁左右，平均受教育程度为大专，平均任期为40个月（三年以上，不足四年）。此外，样本公司的企业规模、偿债能力、盈利能力与成长性总体上差异不大，7.4%的企业由四大会计师事务所审计，64.1%的企业为国有企业。

表6-2 变量的描述性统计

变量	样本数	均值	标准差	最小值	最大值
REM	3386	0.122	0.197	0	2.529
CEID	3386	12.129	6.366	0	34
PC	3386	3.076	2.384	0	24
COMP	3386	14.162	0.762	11.059	17.869
TM	3386	20.275	5.293	4	52
DUAL	3386	0.216	0.412	0	1
FIRST	3386	36.952	15.478	1.110	89.990
AGE	3386	49.678	2.906	35.580	59.420
EDU	3386	1.975	1.705	0	5
TENURE	3386	40.369	21.436	0.75	121.580
SIZE	3386	22.442	1.442	14.017	29.374
LEV	3386	0.497	0.211	0.056	1.077
ROA	3386	0.037	0.063	-0.184	0.247
GROWTH	3386	0.257	1.078	-0.806	8.968
BIG	3386	0.074	0.262	0	1
STATE	3386	0.641	0.480	0	1

资料来源：笔者根据收集的2008~2017年沪深两市A股重污染行业上市公司数据整理而得。

主要变量间的 Pearson 相关性检验结果显示如表6-3所示，企业环境信息披露质量、高管薪酬、高管规模、高管年龄以及高管任期与真实盈余管理显著负相关；政治关联、高管受教育程度与真实盈余管理相关但不显著。各变量间相关系数绝对值均小于0.5，方差膨胀因子 VIF 值平均为1.32，说明模型不存在多重共线性。

表 6 – 3　　　　　　　　主要变量的 Pearson 相关系数

	REM	CEID	PC	COMP	TM	AGE	EDU	TENURE
REM	1							
CEID	– 0. 046 ***	1						
PC	0. 011	0. 037 **	1					
COMP	– 0. 067 ***	0. 211 ***	0. 136 ***	1				
TM	– 0. 054 ***	0. 218 ***	0. 295 ***	0. 208 ***	1			
AGE	– 0. 065 ***	0. 228 ***	0. 247 ***	0. 297 ***	0. 243 ***	1		
EDU	0. 003	0. 137 ***	0. 111 ***	0. 126 ***	0. 061 ***	0. 134 ***	1	
TENURE	– 0. 083 ***	0. 127 ***	– 0. 061 ***	0. 200 ***	– 0. 041 **	0. 330 ***	0. 139 ***	1

注：** 、*** 分别表示在 5% 、1% 的水平上显著。
资料来源：笔者根据收集的 2008 ~ 2017 年沪深两市 A 股重污染行业上市公司数据整理而得。

6.3.2　回归结果

1. 企业环境信息披露水平对真实盈余管理的影响

在模型（6 – 5）中分别以当期环境信息披露、滞后一期环境信息披露、滞后两期环境信息披露作为自变量进行回归分析，并控制了年份与行业固定效应进行数据处理，结果如表 6 – 4 所示。回归结果显示，当期 CEID 系数在 1% 的水平上显著为正，说明环境信息披露质量越高，当期真实盈余管理程度就越高，假定环境信息披露质量提高 1 个单位，真实盈余管理程度将提高 0.18%，因此，接受假设 6.1。结果还发现，高管规模、高管任期、企业规模均与真实盈余管理显著负相关，说明高管总人数越多、高管任期越长、企业规模越大，真实盈余管理程度就越小；高管受教育程度、股权集中度、公司盈利能力等与真实盈余管理显著正相关，说明高管受教育程度越高、股权越集中、公司盈利能力越强，真实盈余管理程度就越大。

滞后一期的回归结果表明：在 1% 显著性水平上 CEID 与下一年的真实盈余管理呈正相关关系，但是，滞后两期的固定效应模型未通过显著性检验。以上结果证实了环境信息披露质量对真实盈余管理的影响存在滞后效应。由于 CEID 在当期（CEID）和滞后一期（LCEID）都与真实盈余管理呈显著正相关关系，进一步尝试构建有限分布滞后模型，将当期和滞后一期 CEID 同时作为自变量进行回归，结果如表 6 - 4 最后一列。结果发现，在 5% 显著性水平上，当期 CEID 与真实盈余管理正相关，而滞后一期（LCEID）与真实盈余管理不存在显著相关性，可能的原因是滞后期时间选择、自由度缺失或存在多重共线性等。

表 6 - 4   **CEID 与真实盈余管理关系的检验结果**

变量	当期	滞后一期	滞后两期	当期 + 滞后一期
CEID	0.0018 *** (3.09)			0.0015 ** (2.02)
LCEID		0.0016 *** (2.60)		0.0008 (1.06)
LLCEID			0.0006 (0.93)	
PC	0.0005 (0.34)	0.0004 (0.25)	− 0.0005 (− 0.31)	0.0005 (0.28)
COMP	0.0006 (0.11)	− 0.0005 (− 0.09)	− 0.0022 (− 0.36)	− 0.0010 (− 0.17)
TM	− 0.0012 * (− 1.70)	− 0.0014 * (− 1.80)	− 0.0011 (− 1.42)	− 0.0015 * (− 1.91)
DUAL	0.0029 (0.36)	0.0053 (0.61)	0.0062 (0.67)	0.0060 (0.69)
FIRST	0.0007 *** (2.73)	0.0006 ** (2.16)	0.0005 * (1.75)	0.0006 ** (2.14)
AGE	0.0017 (1.22)	0.0015 (0.95)	0.0025 (1.53)	0.0014 (0.91)
EDU	0.0228 *** (3.25)	0.0180 ** (2.42)	0.0170 ** (2.18)	0.0176 ** (2.35)
TENURE	− 0.0004 * (− 1.81)	− 0.0004 * (− 1.72)	− 0.0005 ** (− 1.89)	− 0.0004 * (− 1.74)

续表

变量	当期	滞后一期	滞后两期	当期 + 滞后一期
SIZE	− 0.0334 *** （− 10.55）	− 0.0323 *** （− 9.69）	− 0.0304 *** （− 8.77）	− 0.0331 *** （− 9.87）
LEV	0.0255 （1.38）	0.0382 ** （1.96）	0.0599 *** （2.94）	0.0382 ** （1.96）
ROA	0.169 *** （2.68）	0.205 *** （3.05）	0.240 *** （3.44）	0.206 *** （3.06）
GROWTH	0.0199 *** （6.55）	0.0197 *** （6.30）	0.0221 *** （6.83）	0.0200 *** （6.39）
BIG	0.0232 * （1.74）	0.0227 （1.60）	0.0201 （1.37）	0.0239 * （1.69）
STATE	− 0.0001 （− 0.01）	0.0015 （0.18）	0.0082 （0.92）	0.0012 （0.14）
常数项	0.757 *** （7.99）	0.756 *** （7.43）	0.705 *** （6.60）	0.780 *** （7.61）
行业	控制	控制	控制	控制
年份	控制	控制	控制	控制
调整后的 R^2	0.126	0.128	0.143	0.129

注：* 、** 、*** 分别表示在 10% 、5% 、1% 的水平上显著。括号内代表 t 值。
资料来源：笔者根据收集的 2008 ~ 2017 年沪深两市 A 股重污染行业上市公司数据回归而得。

2. 高管特征的调节作用

如表 6 - 5 所示，在模型（6 - 5）基础上依次增加环境信息披露与高管政治关联、环境信息披露与高管薪酬、环境信息披露与高管规模的交乘项，来检验三个高管特征变量对环境信息披露和真实盈余管理关系的调节作用。

根据模型（6 - 6）的回归结果，高管政治关联与环境信息披露的交乘项（CEID × PC）系数在 10% 水平上显著为正，高管政治关联起到正向调节作用，接受假设 6.2a。模型（6 - 7）结果显示，高管薪酬与环境信息披露的交乘项（CEID × COMP）系数在 10% 的水平上显著为负，说明高管薪酬起到负向调节作用，接受假设6.2b。模型（6-8）回归结果发现，高管规模与环境信息披露的交乘项（CEID×TM）系数在1%的水平上显著为负，说明高管规模起到负向调节作用，由此接受假设6.2c。由于高管薪酬、高管规模都具有负向调节作用，进一步将高管薪酬、高管规模与环境信息披露三者间的交乘项放入模型，得到模型（6-9），回归结果发现交乘项（CEID×COMP×TM）系数在10%的水平上显著为负，说明当高管薪酬与高管规模交互影响时，即高管人数越多且薪酬越高时，越加会削弱环境信息披露与真实盈余管理之间的正向关系。

表6-5　　　　　　　　　高管特征变量的调节作用

变量	模型（6-6）	模型（6-7）	模型（6-8）	模型（6-9）
	REM	REM	REM	REM
CEID	0.0015 ** (2.36)	0.0204 * (1.83)	0.0008 (0.94)	0.0095 (0.76)
CEID×PC	0.0002 * (1.76)			
CEID×COMP		-0.0014 * (-1.78)		-0.0005 (-0.51)
CEID×TM			-0.0001 *** (-3.23)	0.00003 (0.81)
COMP×TM				-0.00005 (-0.89)
CEID×COMP×TM				-0.00001 * (-1.85)
PC	-0.0019 (-0.91)	0.0026 (1.18)	0.0009 (0.38)	0.0044 * (1.72)
COMP	-0.0010 (-0.17)	0.0172 (1.34)	-0.0108 (-0.79)	0.0363 ** (2.16)
TM	-0.0014 * (-1.81)	-0.0015 (-1.26)	-0.0016 (-1.28)	0.0054 (0.64)

续表

变量	模型（6－6）	模型（6－7）	模型（6－8）	模型（6－9）
	REM	REM	REM	REM
DUAL	0.0057 (0.65)	0.0108 (1.04)	0.0151 (1.35)	0.0112 (1.06)
FIRST	0.0006 ** (2.16)	0.0007 (0.99)	0.0013 (1.59)	0.0009 (1.14)
AGE	0.0014 (0.89)	0.0043 * (1.43)	0.0028 (0.88)	0.0024 (0.77)
EDU	0.0175 ** (2.35)	－0.0196 * (－1.85)	－0.0196 * (－1.83)	－0.0227 ** (－2.05)
TENURE	－0.0004 * (－1.70)	－0.00003 (－0.02)	－0.0002 (－0.70)	－0.0002 (－0.60)
SIZE	－0.0332 *** (－9.91)	－0.0562 *** (－4.33)	－0.0625 *** (－3.63)	－0.0614 *** (－3.85)
LEV	0.0377 * (1.94)	0.0833 ** (2.58)	0.1520 *** (3.38)	0.1180 *** (3.09)
ROA	0.206 *** (3.06)	0.330 *** (3.09)	0.425 *** (3.24)	0.362 *** (2.90)
GROWTH	0.0202 *** (6.44)	0.0201 ** (2.53)	0.0218 ** (2.48)	0.0201 ** (2.41)
BIG	0.0236 * (1.67)	－0.0010 (－0.04)	－0.0009 (－0.03)	0.0059 (0.20)
STATE	0.0012 (0.14)	－0.0044 (－0.22)	0.0105 (0.62)	0.0055 (0.25)
常数项	0.790 *** (7.70)	0.869 *** (2.99)	1.453 *** (3.84)	0.783 ** (1.99)
R^2	0.1290	0.0665	0.0958	0.0767

注：＊、＊＊、＊＊＊分别表示在10%、5%、1%的水平上显著。括号内代表 t 值。
资料来源：笔者根据收集的 2008～2017 年沪深两市 A 股重污染行业上市公司数据回归而得。

6.3.3 内生性与稳健性检验

1. 内生性检验

考虑到企业环境信息披露的内生性本质，一方面，企业环境信息披露质量会受到模型中其他变量的影响，真实盈余管理与环境信息披露质量存在互为因果的可能；另一方面，一些无法观测的因素也会影响模型稳定性。因此，采用工具变量法并运用两阶段最小二乘法（2SLS）尝试解决内生性问题。借鉴叶陈刚等（2015）的方法，选取样本期初行业平均环境信息披露质量作为工具变量，它与各样本公司的 CEID 高度相关，但与真实盈余管理的残差项相关性较小。选取工具变量后，首先对模型进行 DWH 检验以验证是否存在内生性问题，检验结果在 1% 的水平上显著拒绝了原假设（Hausman 估计量为 2.81，对应的 p 值为 0.09），回归方程可能存在内生性问题。随后运用 2SLS 进行回归来控制内生性偏误，回归结果如表 6 - 6 所示，工具变量均通过了识别不足 LM、弱工具变量Wald 以及过度识别 Sargan 检验，表明工具变量选择合理。

表 6 - 6　　　　　　　　　两阶段最小二乘法回归结果

变量	当期	滞后一期	滞后两期	模型(6 - 6)	模型(6 - 7)	模型(6 - 8)	模型(6 - 9)
CEID	0.0033 ***	0.0262 **	0.1060	- 0.0005	0.3160 **	0.0192 *	- 1.937 **
	(3.13)	(2.04)	(0.79)	(- 0.28)	(2.12)	(1.89)	(- 2.13)
CEID × PC				0.0009 **			
				(2.28)			
CEID × COMP					- 0.0220 **		0.1380 **
					(- 2.13)		(2.14)
CEID × TM						- 0.0009 *	0.1040 **
						(- 1.77)	(2.12)
CEID × COMP × TM							- 0.0074 **
							(- 2.13)

续表

变量	当期	滞后一期	滞后两期	模型 (6-6)	模型 (6-7)	模型 (6-8)	模型 (6-9)
TM × COMP							0.1090**
							(2.16)
PC	0.0005	0.0031	0.0113	-0.0129**	0.0025	0.0036**	0.0035
	(0.33)	(1.26)	(0.70)	(-2.25)	(0.85)	(2.06)	(1.39)
COMP	-0.0017	-0.0144	-0.0477	-0.0064	0.2800**	-0.0124*	-1.991**
	(-0.30)	(-1.41)	(-0.78)	(-1.03)	(1.97)	(-1.91)	(-2.19)
TM	-0.0016**	-0.0046**	-0.0168	-0.0011	-0.0012	0.0108*	-1.5330**
	(-2.09)	(-2.39)	(-0.84)	(-1.44)	(-0.97)	(1.67)	(-2.15)
DUAL	0.0071	0.0211	0.0617	0.0091	0.0222	0.0245**	0.0288*
	(0.81)	(1.55)	(0.80)	(0.95)	(1.57)	(2.45)	(1.88)
FIRST	0.0005**	0.0003	-0.0004	0.0003	0.0008	0.0005	0.0007*
	(2.11)	(0.87)	(-0.29)	(1.11)	(1.11)	(1.61)	(1.73)
AGE	0.0013	-0.0013	-0.0040	0.0029*	0.0012	0.0016	-0.0002
	(0.84)	(-0.55)	(-0.40)	(1.70)	(0.32)	(0.94)	(-0.09)
EDUCA	0.0167**	-0.0065	-0.0870	0.0099	-0.0280**	-0.0040	-0.0065
	(2.24)	(-0.41)	(-0.65)	(1.24)	(-2.30)	(-0.52)	(-0.56)
TENURE	-0.0004*	-0.0007**	-0.0015	-0.0003	-0.0002	-0.0005**	-0.0003
	(-1.77)	(-2.10)	(-0.95)	(-1.45)	(-0.57)	(-2.18)	(-0.85)
SIZE	0.0345***	0.0598***	-0.1420	0.0324***	0.0666***	0.0351***	0.0422***
	(-9.90)	(-4.02)	(-1.00)	(-8.73)	(-8.37)	(-9.24)	(-6.36)
LEV	0.0380**	0.0409*	0.0869	0.0793***	0.1490***	0.0948***	0.0628*
	(1.96)	(1.68)	(1.10)	(3.85)	(3.48)	(4.50)	(1.91)
ROA	0.207***	0.261***	0.393	0.235***	0.487***	0.353***	0.126
	(3.09)	(2.93)	(1.26)	(3.26)	(5.22)	(4.80)	(0.89)
GROWTH	0.0205***	0.0248***	0.0515	0.0240***	0.0247***	0.0231***	0.0349***
	(6.54)	(5.26)	(1.32)	(7.45)	(6.28)	(6.77)	(4.39)
BIG	0.0259*	0.0611**	0.158	0.0232	-0.0172	0.0269*	0.0271
	(1.83)	(2.29)	(0.87)	(1.54)	(-0.59)	(1.71)	(1.17)

续表

变量	当期	滞后一期	滞后两期	模型(6-6)	模型(6-7)	模型(6-8)	模型(6-9)
STATE	0.0007	-0.0194	-0.0660	0.0064	0.0299	0.0046	0.0105
	(0.09)	(-1.28)	(-0.67)	(0.71)	(1.42)	(0.46)	(0.73)
常数项	0.819***	1.595***	3.765	0.822***	-2.213	0.695***	28.94**
	(7.74)	(3.52)	(0.96)	(7.06)	(-1.14)	(4.22)	(2.24)
行业	控制	控制	控制	控制	控制	控制	控制
年份	控制	控制	控制	控制	控制	控制	控制
识别不足 LM 检验 P 值	0.000	0.000	0.000	0.000	0.000	0.000	0.000
弱工具变量 F 检验	708.60	560.01	466.72	92.96	64.32	67.17	28.05
过度识别 Sargan 检验 P 值	0.187	0.367	0.241	0.943	0.168	0.195	0.179

注：*、**、***分别表示在10%、5%、1%的水平上显著。括号内代表t值。
资料来源：笔者根据收集的2008~2017年沪深两市A股重污染行业上市公司数据回归而得。

两阶段最小二乘法回归结果显示，CEID回归系数在当期与滞后一期均显著为正，滞后两期不显著，与前述结论一致。调节效应中，交乘项CEID×PC与真实盈余管理显著正相关（p值<0.05），交乘项CEID×COMP系数显著为负（p值<0.05），高管规模与环境信息披露质量的交乘项CEID×TM系数显著为负（p值<0.1），交乘项CEID×COMP×TM系数在5%的水平上显著为负，支持了所有假设。因此，控制内生性后得到与前文一致的结果。

2. 稳健性检验

为验证回归结果的稳健性，采用替代指标法，检验全部假设。企业环境信息披露质量赋值替换为比值法，即由各个项目求和后除以总分；高管政治关联替换为高管中有政治关联的人数占高管总人数的比值；高管薪酬替换为所有高管薪酬总额的自然对数值；独立董事总人数作为高管规模的替代指标。回归结果如表6-7所示，关键变量的显著性未发生变化，企业环境信息披露质量与真实盈余管理在当期与滞后一期均显著正相关，交乘项CEID×PC、CEID×COMP、CEID×TM与CEID×COMP×TM均通过了显著性检验。说明书中模型具有较好的稳健性。

表 6-7　　　　　　　　稳健性检验结果

变量	当期	滞后一期	滞后两期	模型(6-6)	模型(6-7)	模型(6-8)	模型(6-9)
CEID	0.0685*** (3.01)	0.0599** (2.52)	0.0202 (0.83)	-0.0074 (-0.10)	0.869* (1.81)	0.973** (1.98)	-0.876** (-2.03)
CEID×PC				0.6370* (1.70)			
CEID×COMP					-0.0555* (-1.76)		0.0011* (1.92)
CEID×TM						-0.2280* (-1.84)	3.8860*** (2.62)
CEID×COMP×TM							0.2420*** (-2.62)
COMP×TM							0.1030*** (2.72)
PC	0.0134 (0.43)	0.0100 (0.30)	-0.0055 (-0.16)	-0.2010 (-1.62)	0.0818* (1.95)	0.0573 (1.62)	0.0341 (0.80)
COMP	-0.0016 (-0.31)	-0.0033 (-0.59)	-0.0045 (-0.79)	-0.0091 (-1.53)	0.0176 (1.36)	-0.0082 (-1.32)	-0.1050*** (-2.86)
TM	-0.0029 (-1.03)	-0.0023 (-0.77)	-0.0020 (-0.70)	-0.0019 (-0.65)	-0.0034 (-0.99)	0.0762* (1.82)	-1.622*** (-2.72)
DUAL	0.0037 (0.45)	0.0063 (0.73)	0.0072 (0.79)	0.0105 (1.09)	0.0113 (1.08)	0.0239** (2.42)	0.0195* (1.76)
FIRST	0.0007*** (2.68)	0.0006** (2.11)	0.0005* (1.72)	0.0003 (1.10)	0.0007 (0.97)	0.0006** (2.11)	0.0005 (1.38)
AGE	0.0017 (1.20)	0.0014 (0.92)	0.0024 (1.47)	0.0025 (1.49)	0.0043 (1.43)	0.0012 (0.72)	-0.0009 (-0.46)
EDUCA	0.0226*** (3.22)	0.0178** (2.38)	0.0166** (2.14)	0.0094 (1.18)	-0.0199* (-1.84)	0.0040 (0.50)	0.0045* (1.70)
TENURE	-0.0004 (-1.63)	-0.0003 (-1.49)	-0.0004* (-1.68)	-0.0003 (-1.15)	0.00002 (0.10)	-0.0007*** (-3.51)	-0.0007*** (-2.68)

续表

变量	当期	滞后一期	滞后两期	模型(6-6)	模型(6-7)	模型(6-8)	模型(6-9)
SIZE	-0.0335 ***	-0.0324 ***	-0.0304 ***	-0.0323 ***	-0.0566 ***	-0.0350 ***	-0.0279 ***
	(-10.44)	(-9.59)	(-8.65)	(-8.59)	(-4.28)	(-9.04)	(-5.74)
LEV	0.0237	0.0363 *	0.0584 ***	0.0793 ***	0.0844 ***	0.0749 ***	0.0622 **
	(1.29)	(1.87)	(2.88)	(3.85)	(2.62)	(3.58)	(2.35)
ROA	0.174 ***	0.213 ***	0.246 ***	0.248 ***	0.330 ***	0.370 ***	0.114
	(2.78)	(3.17)	(3.54)	(3.46)	(3.13)	(5.05)	(1.36)
GROWTH	0.0198 ***	0.0196 ***	0.0219 ***	0.0237 ***	0.0199 ***	0.0220 ***	0.0021
	(6.52)	(6.24)	(6.78)	(7.34)	(2.51)	(6.41)	(0.52)
BIG	0.0235 *	0.0229	0.0202	0.0226	-0.0010	0.0245	0.0559 ***
	(1.76)	(1.62)	(1.38)	(1.50)	(-0.04)	(1.59)	(2.73)
STATE	-0.0019	-0.0004	0.0066	0.0048	-0.0045	0.0089	-0.0112
	(-0.24)	(-0.05)	(0.76)	(0.55)	(-0.22)	(0.96)	(-0.90)
常数项	0.780 ***	0.784 ***	0.733 ***	0.851 ***	0.834 ***	0.586 ***	2.621 ***
	(8.62)	(8.09)	(7.22)	(7.48)	(2.91)	(3.03)	(3.85)
年份	控制	控制	控制	控制	控制	控制	控制
行业	控制	控制	控制	控制	控制	控制	控制
R²	0.125	0.127	0.143	0.160	0.0671	0.0355	0.0336

注：* 、** 、*** 分别表示在 10% 、5% 、1% 的水平上显著。括号内代表 t 值。
资料来源：笔者根据收集的 2008~2017 年沪深两市 A 股重污染行业上市公司数据回归而得。

第七章　研究结论与政策建议

本章是全书的最后篇章，前面研究了企业环境信息披露质量的综合评估（时空演进特征）、企业环境信息披露质量的影响因素和企业环境信息披露的经济后果。本章首先根据前面的研究归纳出全书的研究结论；其次根据研究结论，总结如何提高企业环境信息披露质量，提出政策建议；最后指出本书局限性及展望未来需进一步拓展的研究问题。

7.1　研究结论

本书是以2008～2018年沪深两市A股重污染行业上市公司为研究样本，针对企业环境信息披露质量所进行的研究，历经研究设计、构筑概念框架、实证检验，业已完成，研究问题获得较好的解决，得出以下三点结论。

第一，在全面梳理企业环境信息披露质量概念和文献综述的基础上，界定了我国企业环境信息披露质量的评价准则，包括完整性、平衡性、准确性和时效性；同时，在对企业环境信息披露质量评估方法比较的基础上，采用内容分析法和指标分类法来计算企业环境信息披露质量，从披露形式、披露内容和披露程度三方面分析构建了我国企业环境信息披露质量指标体系，涵盖6个一级指标和16个二级指标，6个一级指标分别是环境管理、资源价值、环境治理、环境收益、环境罚款和其他，16个二级指标具体包括环保投资、企业资源管理信息系统ERP、环保专利、定期披露环境报告、气候治理、资源效能、环保方针目标、ISO14000等环境认证、节能减排、三废治理、环保设施、环保培训、环保罚款、环保效益、环保补贴及奖励和其他环境支出。进一步，根据计算的2008～2018年我国企业环境信息披露质量的数据，研究全样本、分区域、披露内容、行业的时空演进特征，得出两个结论：一是企业环境信息披露质量区域的时空演进特征整体呈现出从西部向东部拓展和延伸，从北部向南部拓展和延伸，我国企业环境信息披露质量"北高南低"的空间格局逐渐得到缓解，西南和华南地区企业受到其东部和北部企业空间溢出效应的影响，因而整体披露质量提升速度快；二是企业环境信息披露内容整体呈现随着相关政策法规侧重点的变化而变化。2015 年新《环保法》实施之后，环保设施、气候治理、节能减排、三废治理等指标得到飞速发展。该研究结论不同于国内学者对少数省份的研究分析（唐国平和李龙会，2011；葛晨旭和田国双，2017），首次归纳总结了我国全区域企业环境信息披露质量的发展状况及特征，并详细对三大经济区域、七大自然地理分区和 31 个省份进行分析，有助于全面了解我国企业环境信息披露质量的发展状况。

第二，企业环境信息披露质量受政府政策、企业内部因素和社会压力三方面因素的共同影响作用。首先，政府政策代表政府这一利益主体对企业环境信息披露质量的影响，运用倾向得分匹配双重差分的方法检验了发布于 2010 年和 2015 年的两部具有代表性的信息公开政策法规——《上市公司环境信息披露指南》和新《环保法》，结果显示企业环境信息披露质量在政策实施后有较大幅度提升，环境信息公开政策的不断出台推动我国企业环境信息公开化的发展，提高了整体披露水平，改进了披露表述的方式，是企业环境信息披露质量提高的主要外在推动力。其次，企业内部因素代表了企业自身对企业环境信息披露质量的影响，检验了公司特征和公司治理两大内部因素，包含六项具体指标，得出企业环境信息披露质量会随着企业规模、高管受教育程度、高管任期和股权集中度的增加而显著提高；董事长和总经理由一人同时担任和国有企业的特性会显著降低企业环境信息披露质量。最后，社会压力代表了社会公众和社会组织对企业环境信息披露质量的影响，选取了城市污染源信息公开指数（PITI）作为研究对象，实证结果也得出企业环境信息披露质量会随着社会压力的增加而显著提高，即社会对企业的监管越严格，企业环境信息披露的质量就越高。本书综合研究了企业环境信息披露博弈模型中的政府、企业和社会三大利益相关主体对企业环境信息披露质量的影响，该研究结论与国内外学者类似研究结果基本一致，不同于以往研究的是，采用了政策影响评估领域较为先进的双重差分法评估政策影响，排除了其他因素的干扰影响，检验了两个阶段的不同政策对企业环境信息披露质量的"净效应"，为后面如何改进企业环境信息披露质量提出合理化建议。

第三，研究了企业环境信息披露质量的经济后果——企业环境信息披露质量与企业真实盈余管理之间的关系。企业环境信息披露质量的提高是政府、企业和社会发展的共同目标，但企业环境信息披露质量的提高也会带来企业虚增盈余的机会主义行为。实证结果得出，企业环境信息披露质量越高，真实盈余管理程度就越高，且存在滞后效应，即企业当年的环境信息披露质量越高，越有可能在当年以及下一年虚增真实盈余管理。并进一步研究了高管特征如何规避这一经济后果，其中高管政治关联会强化环境信息披露质量与真实盈余管理之间的关系，但是高管薪酬和高管规模会负向调节二者之间的关系，即通过提高高管薪酬和扩大高管规模可以规避企业因为环境信息披露质量的提高而虚增盈余管理的行为。该研究结论与以往学者验证的企业承担社会责任的"规范性观点"不同，认为企业履行社会责任并不能减少盈余管理，而且，聚焦于隐蔽性更强、更易被监管方忽视的真实盈余管理，区别于研究较多的应计盈余管理，以期更加合理地规避企业利用非财务信息来操纵财务信息。

7.2 政策建议

尽管从2008～2018年我国企业环境信息披露质量的发展来看，部分重污染行业上市公司取得了较大提升，但是全部的重污染行业或是上市公司整体的环境信息披露质量仍处于较低水平。为了进一步完善我国企业环境信息披露的制度，提升环境信息披露质量，加快环境信息公开化进程，提出以下政策建议。

1. 统一环境信息披露总标准

我国企业环境信息披露缺乏统一标准，尚未出台相关法律对企业环境信息披露形式予以明确规范，国务院、生态环境部、证监会等针对上市公司环境信息披露的内容、格式出台的规定大都为指导性意见或准则。应尽快制定统一的披露标准，积极参与国际标准的研制，借鉴标普500声誉评分法、明晟（MSCI）ESG评价标准等国际环境信息披露方法，尽快出台适用于我国企业的、统一认证的环境信息披露体系。

为了使企业有效进行信息披露，上海证券交易所于2015年制定了《上市公司行业信息披露指引第一号——一般规定》，并根据不同行业细分了一系列披露指引，分别于2015年和2018年进行修订。该系列披露指引中只有极少部分规定企业环境方面的信息披露，如2018年修订的《上市公司行业信息披露指引第七号——医药制造》，仅在第二十六条提及环保责任，即上市公司出现重大环保事故的，应当及时披露相关信息。同年修订的《上市公司行业信息披露指引第二十八号——有色金属》仅要求披露环保政策、产能利用率、三废循环利用率、矿产资源综合利用率、环保投入等基础信息。未来需要推进在统一准则的基础上，发布分行业环境信息披露指引，建立具有针对性的分行业评估指标和信息披露框架，提高不同行业企业环境信息披露的可比性。

2. 强化强制性企业环境信息披露政策

（1）扩大强制性披露范围。我国的信息披露制度从1984年开始，经历萌芽阶段、强制披露阶段和自愿披露与强制披露相结合阶段。但细分到环境信息披露制度的发展更晚，目前仅针对环保部门公布的重点排污单位及其子公司实施强制性披露环境信息，对其他上市公司实行"不遵守就解释"的政策。从上述研究结论可以得出，我国重污染行业环境信息披露质量得到了较大提升，因此，强制性环境信息披露制度有效推动了我国企业环境信息公开水平的提升。重污染行业上市公司是改善环境、提高环境责任履行的重要群体，但非重污染行业上市公司以及全体非上市公司的生产活动也会对自然环境产生重要影响，如金融机构，其资产端涉及的环境信息、社会责任报告信息等也应纳入披露范畴。因此，强制性环境信息披露政策应推广至全部企业，涵盖非重污染行业上市公司和全体非上市公司。将环境责任履行的工作发展到不同行业、不同规模的企业，不仅扩大了公开数据的范围，有利于环境信息相关统计数据库的建立，也提高了全体企业对环境保护责任履行的意识。

（2）增加强制性披露内容。证监会于 2017 年 12 月公布的上市公司信息披露内容里，仅把排污信息、防治污染设施的建设和运行情况等 6 种环境信息规定为重污染企业强制性披露项目，其余均属于自愿披露范围，易使企业为了自利目标而策略性地披露环境信息。所以，政府要细化具体项目的披露形式与内容，尽可能多地增加强制性披露项目，例如，要具体披露能源消耗程度的绝对数，污染物排放量的绝对数和相对数，新增节能环保固定资产项目投资额、环境违法情况及其罚款金额等。实施挥发性有机物、总磷、总氮约束性指标管理，实施固定源与非固定源"双控"管理。

（3）完善政府强制考评体系。推进建立完善的企业环境信息披露质量强制性监测、评价、考核、责任、奖惩管理体系，既要加大违规惩戒，也要加强正向激励，并强化考核结果与财政资金、官员升迁等政策的衔接增效。推进环境信息披露质量督查制度化、规范化、精简化，形成中央环境信息披露质量督查、部门环境信息披露质量专项督查、省级政府环境信息披露质量监察体系合理分工、高效协作的督查制度。

3. 加强企业内部环境责任管理

为了提高企业环境信息披露质量，从企业内部管理角度出发做到以下几点：鼓励引导优质企业做大做强，扩大规模；进一步完善上市公司高管的选人用人、考评监督机制，选拔教育程度高、阅历丰富的管理者，延长管理者在岗任期，适当选用女性高管，限制高管中有政治背景的人数比例，健全高管薪酬激励机制等；企业应使董事长与总经理两职分离，使得高管决策更加独立；大股东要掌握企业的控股权，在尽可能保持多元性、分担投资风险的前提下，提高股权集中度。

在管理人员业绩考评的过程中，加入社会和环境业绩以及披露做法指标，这会强化管理者参与此类活动的愿望。将社会责任和环境报告的质量和水平作为评价管理者业绩的标准，将有助于改进社会责任报告，并使公司及其利益相关者受益。

4. 强化社会监管

（1）提升社会公众环境治理监督意识。提升全民参与环境治理意识和能力，形成政府主导、企业实施、社会参与的大生态环境治理格局。例如，部分 NGO 组织积极构建的环境信息共享平台——公众环境研究中心（IPE），建立与完善公众环境信息披露质量监督员制度，加强舆论监督，提高各类主体的环境责任意识，实现政府、企业、公众合力提升企业环境信息披露质量。

（2）强化社会组织监管。强化环境信息披露和使用监管。从披露与使用两个环节出发，规范第三方评级、评价要求，引入第三方认证市场化，对第三方评级进行约束，并要求企业强制引入环境信息专业化外部审计。加强部门之间的合作，运用大数据全链条追责处罚。强化第三方监管，有利于避免政府部门干预企业环境信息披露工作的执行，并将社会监管与政府监管有效结合，共同实现企业环境信息披露质量的提高。

5. 完善会计政策，利用高管特征规避盈余管理

随着企业环境信息披露质量的提高，企业管理层可能虚增盈余管理。要完善会计准则和制度，从盈余管理防范角度出发，压缩企业盈余管理的空间，设置更多的限制条件。限制高管中有政治背景的人数比例，充分发挥市场在资源配置中的决定性作用，减少企业对政治关系的依赖，营造公平的市场竞争机制和市场竞争环境。合理的高管薪酬激励约束机制与适当的高管人数能够对个人层面及企业层面的机会主义行为形成制约，因此可适度提高薪酬水平或是实施恰当的股权激励计划，将高管利益与企业长期绩效结合，减少企业进行真实盈余管理，保障广大投资者及利益相关者的利益。

7.3 研究局限性与展望

尽管本书对我国企业环境信息披露质量的研究取得了一定的进展，但受条件所限，仍存在诸多局限性，未来需要后续研究进行补充和完善。

第一，由于搜集到的数据有限，时间跨度短，本书没有将样本拓展至全部上市公司以及重污染行业的非上市公司，仅以重污染行业上市公司为例，也没有对企业的环境信息披露进行强制性披露和自愿性披露划分，以研究不同披露性质下企业环境信息披露质量的差异。我国企业环境信息披露政策的目标是预计 2020 年 12 月前强制要求所有上市公司披露环境信息，届时会丰富数据库的样本，未来的研究可以拓展到全体上市公司而非局限于重污染行业上市公司。

第二，采用内容分析法和指标分类法对定性指标进行定量化处理，在构建企业环境信息披露质量评价体系中选取 6 个一级指标，涵盖 16 个二级指标，尽管借鉴前人研究尽可能减少研究中的主观性，但使用该指标体系计量的企业环境信息披露质量不可避免地带有一定程度的主观性，这对研究结论会产生一定的影响。在企业环境信息披露质量的影响因素研究部分对高管特征这一重要内部影响因素进一步研究，主要从高管政治背景、高管薪酬、高管规模等特征研究了环境信息披露质量与真实盈余管理二者间关系的作用机理，未来的研究可以考虑高管层异质性因素，或是更多非高管层因素，从更多视角进行深入研究。

参考文献

［1］毕茜，彭珏，左永彦．环境信息披露制度、公司治理和环境信息披露［J］．会计研究，2012（7）：39－47．

［2］蔡海静，金佳惠．董秘特征、财务绩效与环境信息披露质量［J］．会计之友，2019（8）：89－95．

［3］陈洪涛，束雯，王双英．公司治理、财务特征对环境信息披露影响的实证研究［J］．南京航空航天大学学报，2017（19）：1－8．

［4］陈玲芳．基于盈余管理视角的企业环境信息披露行为分析［J］．统计与决策，2015，21（5）：179－182．

［5］程隆云，李志敏，马丽．企业环境信息披露影响因素分析［J］．经济与管理研究，2011（11）：83－90．

［6］陈璇，钱维．新《环保法》对企业环境信息披露质量的影响分析［J］．中国人口资源与环境，2018，28（12）：76－86．

［7］程新生，刘建梅，程悦．相得益彰抑或掩人耳目：盈余操纵与MD&A中非财务信息披露［J］．会计研究，2015，8（2）：11－18．

［8］陈玉清，马丽丽．我国上市公司社会责任会计信息市场反应实证分析［J］．会计研究，2005（11）：76－81．

［9］葛晨旭，田国双．基于社会责任报告的企业环境信息披露现状研究——以2015年《环评报告》中的优秀企业为例［J］．财会通讯，2017，28（4）：13－16．

［10］耿建新，焦若静．上市公司环境会计信息披露初探［J］．会计研究，2002（1）：34－37．

［11］胡曲应．加拿大特许会计师协会《环境绩效报告》导读［J］．审计月刊，2010（70）：10－12．

［12］胡运权．运筹学教程［M］．北京：清华大学出版社，1998．

［13］黄荷暑，周泽将．女性高管、信任环境与企业社会责任信息披

露——基于自愿披露社会责任报告 A 股上市公司的经验证据［J］．审计与经济研究，2015，30（4）：30－39．

［14］黄茜．上市公司环境信息披露影响因素分析［J］．重庆文理学院学报（社会科学版），2014（3）：99－104．

［15］蒋麟凤．企业价值与企业环境会计信息披露相关性研究［J］．会计之友，2010（2）：79－82．

［16］李宾，韩方芳，David C. Y. 农业企业的盈余操控更为严重吗？——基于中国上市公司的实证研究［J］．统计与信息论坛，2017，32（7）：67－74．

［17］李建发，肖华．我国企业环境报告：现状、需求与未来［J］．会计研究，2002（4）：42－50．

［18］李挚萍．论企业环境信息披露制度［J］．学术研究，2003（1）：85－89．

［19］林俐．我国环境会计信息披露问题探讨［J］．四川农业大学学报，2014，32（2）：242－246．

［20］卢馨，李建明．中国上市公司环境信息披露的现状研究——以2007 年和 2008 年沪市 A 股制造业上市公司为例［J］．审计与经济研究，2010，25（3）：62－69．

［21］罗党论，王碧彤．环境信息披露与 IPO 融资成本［J］．南方经济，2014（8）：13－26．

［22］孟晓华，曾赛星，张振波，等．高管团队特征与企业环境责任——基于制造业上市公司的实证研究［J］．系统管理学报，2012，21（6）：825－834．

［23］彭培鑫，杜峰．企业环境信息披露研究综述［J］．经济研究导刊，2011（27）：39－40．

［24］邵瑞庆，陈春华，俞俊利，等．进入 21 世纪以来中国会计研究的特征与启示——基于会计类核心期刊 2001—2008 年的数据［J］．会计研究，2010（2）：19－27．

［25］邵毅平，高峰．关于我国企业环境绩效信息披露问题的研究［J］．财经论丛（浙江财经学院学报），2004（2）：53－59．

[26] 沈洪涛, 程辉, 袁子琪. 企业环境信息披露: 年报还是独立报告? [J]. 会计与经济研究, 2010, 24 (6): 5 - 12.

[27] 沈洪涛, 冯杰. 舆论监督、政府监管与企业环境信息披露 [J]. 会计研究, 2012 (2): 72 - 78.

[28] 舒利敏. 我国重污染行业环境信息披露现状研究——基于沪市重污染行业 620 份社会责任报告的分析 [J]. 证券市场导报, 2014 (9): 35 - 44.

[29] 唐国平, 李龙会. 环境信息披露、投资者信心与公司价值——来自湖北省上市公司的经验证据 [J]. 会计研究, 2011 (6): 70 - 77.

[30] 唐国平, 刘忠全.《环境保护税法》对企业环境信息披露质量的影响——基于湖北省上市公司的经验证据 [J]. 湖北大学学报: 哲学社会科学版, 2019, 46 (1): 150 - 157.

[31] 唐伟, 李晓琼. 盈余管理视角下的企业社会责任行为: "道德论" 抑或 "工具论" [J]. 现代管理科学, 2015 (10): 115 - 117.

[32] 汤亚莉, 陈自力, 刘星, 等. 我国上市公司环境信息披露状况及影响因素的实证研究 [J]. 管理世界, 2006 (1): 158 - 159.

[33] 唐勇军, 夏丽. 环保投入、环境信息披露质量与企业价值 [J]. 科技管理研究, 2019, 39 (10): 256 - 264.

[34] 陶小马, 郑莉娜. 社会责任报告中的环境信息披露 [J]. 上海管理科学, 2013 (4): 94 - 100.

[35] 王从容, 李宁. 法学视角下的证券市场信息披露制度若干问题的分析 [J]. 金融研究, 2009 (3): 178 - 190.

[36] 王帆, 倪娟. 公司治理、社会责任绩效与环境信息披露 [J]. 山东社会科学, 2016 (6): 129 - 134.

[37] 王凤. 企业环境行为机理研究 [M]. 北京: 中国经济出版社, 2015: 159 - 168.

[38] 王华, 郭红燕, 黄德生. 我国环境信息公开现状、问题与对策 [J]. 中国环境管理, 2016, 8 (1): 83 - 91.

[39] 王建明. 环境信息披露, 行业差异和外部制度压力相关性研究——来自我国沪市上市公司环境信息披露的经验证据 [J]. 会计研究,

2008（6）：54 - 62.

［40］王学军，尹改丽. 环境不确定性、行业景气度与盈余管理——基于两种盈余管理方式的比较视角［J］. 西安财经学院学报，2017，30（3）：48 - 54.

［41］王琼. 我国上市公司环境信息披露影响因素实证研究［D］. 杭州：浙江大学，2013.

［42］吴德军. 责任指数、公司性质与环境信息披露［J］. 中南财经政法大学学报，2011（5）：49 - 54.

［43］吴德军，黄丹丹. 高管特征与公司环境绩效［J］. 中南财经政法大学学报，2013（5）：109 - 114.

［44］武恒光，王守海. 债券市场参与者关注公司环境信息吗？——来自中国重污染上市公司的经验证据［J］. 会计研究，2016（9）：68 - 74.

［45］吴红军. 环境信息披露、环境绩效与权益资本成本［J］. 厦门大学学报，2014（3）：129 - 138.

［46］向希培. 上市公司信息披露与证券监管演进：一个文献综述［J］. 改革，2013（8）：134 - 138.

［47］辛敏，王建明. 企业环境信息披露影响因素的经济计量分析［J］. 财会经纬，2009（7）：82 - 84.

［48］杨璐璐，苏巧玲. 环境会计信息披露对企业价值影响分析［J］. 财会通讯，2013（7）：10 - 12.

［49］阳秋林，毕立华，李冬生. 基于事件研究法的社会责任报告鉴证的市场反应研究［J］. 国际商务财会，2013（3）：70 - 73.

［50］杨有红，汪薇. 2006 年沪市公司内部控制信息披露研究［J］. 会计研究，2008（3）：35 - 42.

［51］姚圣，孙梦娇. 盈余管理与环境信息管理的替代效应——基于公共压力变化的研究视角［J］. 会计与经济研究，2016，30（5）：49 - 65.

［52］叶陈刚，王孜，武剑锋，等. 外部治理、环境信息披露与股权融资成本［J］. 南开管理评论，2015，18（5）：87 - 96.

［53］游春晖. 环境信息披露、市场化进程与企业价值——来自中国化学制品行业的经验证据［J］. 中国注册会计师，2014（2）：53 - 57.

［54］袁洋．环境信息披露质量与股权融资成本——来自沪市 A 股重污染行业的经验证据［J］．中南财经政法大学学报，2014（1）：126 - 136.

［55］张国清，肖华．高管特征与公司环境信息披露——基于制度理论的经验研究［J］．厦门大学学报：哲学社会科学版，2016（4）：84 - 95.

［56］张淑惠，史玄玄，文雷．环境信息披露能提升企业价值吗——来自中国沪市的经验证据［J］．经济社会体制比较，2011（6）：166 - 173.

［57］张晓．企业社会责任信息披露的前置动因研究——基于高阶理论视角［J］．财务与金融，2016（4）：89 - 95.

［58］张兆国，靳小翠，李庚秦．企业社会责任与财务绩效之间交互跨期影响实证研究［J］．会计研究，2013，5（8）：32 - 39.

［59］赵家正，赵康睿．环境信息披露与企业价值的实证研究——基于政府监管视角［J］．财会通讯，2018（7）：40 - 44.

［60］赵萱，张列柯，郑开放．企业环境责任信息披露制度绩效及其影响因素实证研究［J］．西南大学学报（社会科学版），2015，41（3）：64 - 74.

［61］郑冠群，宋林，郝渊晓．高管层特征、策略性行为与企业社会责任信息披露质量［J］．经济经纬，2015（2）：111 - 116.

［62］郑建明，许晨曦．"新环保法"提高了企业环境信息披露质量吗？——一项准自然实验［J］．证券市场导报，2018，313（8）：6 - 13，30.

［63］郑若娟．中国重污染行业环境信息披露水平及其影响因素［J］．经济管理，2013，35（7）：35 - 45.

［64］周晓惠，田蒙蒙，聂浩然．高管团队异质性、盈余管理与企业绩效［J］．南京审计大学学报，2017，14（3）：75 - 85.

［65］朱炜，孙雨兴，汤倩．实质性披露还是选择性披露：企业环境表现对环境信息披露质量的影响［J］．会计研究，2019（3）：10 - 17.

［66］朱学义．我国环境会计初探［J］．会计研究，1999（4）：26 - 30.

［67］邹立，汤亚莉．我国上市公司环境信息披露的博弈模型［J］．生态经济，2006（5）：112 - 116.

［68］Aerts W.，Cormier D.，Magnan M. Corporate environmental disclosure, financial markets and the media: An international perspective [J]. Ecological Economics, 2008, 64 (3): 643 – 659.

[69] Ahmadi A. , Bouri A. The effect of audit quality on the extent of voluntary disclosure: Companies listed in the Tunisian Stock Exchange [J]. Journal of the Knowledge Economy, 2017, 10: 59 – 73.

[70] Akerlof G. A. The market for "lemons": Quality uncertainty and the market mechanism [J]. The Quarterly Journal of Economics, 1970, 84 (3): 488 – 500.

[71] Al – Tuwaijri S. A. , Christensen T. E. , Hughes I. K. E. The relations among environmental disclosure, environmental performance, and economic performance: A simultaneous equations approach [J]. Accounting, Organizations and Society, 2004, 29 (5 – 6): 447 – 471.

[72] Andrikopoulos A. , Kriklani N. Environmental disclosure and financial characteristics of the firm: The case of Denmark [J]. Corporate Social Responsibility & Environmental Management, 2013, 20 (1): 55 – 64.

[73] Abbott W. F. , Monsen J. R. On the measurement of corporate social responsibility: Selfreported disclosure as a method of measuring corporate social involvement [J]. Academy of Management Journal, 1979, 22: 501 – 515.

[74] Barako D. G. , Haneock P. , Lzan H. Y. Factors influencing voluntary corporate disclosure by Kenyan companies [J]. Corporate Governance: An International Review, 2006, 14 (2): 107 – 125.

[75] Bayoud N. S. , Kavannagh M. , Slaughter G. The Impact of Social and Environmental Disclosure on Financial Performance Further Evidence and Exploration from Libya [J]. Ssrn Electronic Journal, 2012, Available at SSRN: http: //ssrn. com/abstract = 1980051.

[76] Bebbington J. , Larrinaga C. , Moneva J. M. Corporate social reporting and reputation risk management [J]. Accounting, Auditing and Accountability Journal, 2008, 21: 337 – 361.

[77] Beck A. C. , Campbell D. , Shrives P. J. Content analysis in environmental reporting research: Enrichment and rehearsal of the method in a

British-German context [J]. The British Accounting Review, 2010, 42: 207 - 222.

[78] Belal A. R. A study of corporate social disclosures in Bangladesh [J]. Managerial Auditing Journal, 2001, 16 (5): 274 - 289.

[79] Bento M. A., Goulder H. L., Jacobsen R. M., et al. Distributional and efficiency impacts of increased us gasoline taxes [J]. American Economic Review, 2009, 99 (3): 667 - 699.

[80] Bernardi R. A., Threadgill V. H. Women directors and corporate social responsibility [J]. Social Science Electronic Publishing, 2011, 15 (2): 15 - 21.

[81] Berle A. A., Means G. G. C. The modern corporation and private property [M]. Transaction Publishers, 1932.

[82] Bewley K., Li Y. Disclosure of environmental information by Canadian manufacturing companies: A voluntary disclosure perspective [J]. Advances in Environmental Accounting & Management, 2000, 1: 201 - 226.

[83] Boubakri N., Cosset J., Saffar W. Political connections of newly private firms [J]. Journal of Corporate Finance, 2008, 14: 654 - 673.

[84] Brammer S., Millington A. Does it pay to be different? An analysis of the relationship between corporate social and financial performance [J]. Strategic Management Journal, 2008, 29 (12): 1325 - 1343.

[85] Brammer S., Pavelin S., Porter L. A. Corporate Social Performance and Geographical Diversification [J]. Journal of Business Research, 2006, 59: 1025 - 1034.

[86] Brown N., Deegan C. The public disclosure of environmental performance information—A dual test of media agenda setting theory and legitimacy theory [J]. Accounting & Business Research, 1998 (29): 21 - 41.

[87] Buhr N. Corporate silence: Environmental disclosure and the North American free trade agreement [J]. Critical Perspectives on Accounting, 2001, 12 (4): 405 - 421.

[88] Buhr N., Freedman M. A comparison of mandated and voluntary en-

vironmental disclosures: The case of Canada and the United States [J]. Critical Perspectives on Accounting, April, 1996.

[89] Buhr N., Freedman M. Culture, institutional factors and differences in environmental disclosure between Canada and the United States [J]. Critical Perspectives on Accounting, 2001, 12 (3): 293 –322.

[90] Cheng Z. H., Wang F., Keung C., et al. Will corporate political connection influence the environmental information disclosure level? —Based on the panel data of A-shares from listed companies in Shanghai Stock Market [J]. Journal of Business Ethics, 2017, 143 (1): 209 –221.

[91] Chih H. L., Shen C. H., Kang F. C. Corporate social responsibility, investor protection, and earnings management: Some international evidence [J]. Journal of Business Ethics, 2008, 79 (1 –2): 179 –198.

[92] Cho C. H., Patten D. M. The role of environmental disclosures as tools of legitimacy: A research note [J]. Accounting, Organizations and Society, 2007, 32 (7 –8): 639 –647.

[93] Cho C. H., Patten D. M. Green accounting: Reflections from a CSR and environmental disclosure perspective [J]. Critical Perspectives on Accounting, 2013, 24 (6): 443 –447.

[94] Cho T. S., Hambrick D. C. Attention as the mediator between top management team characteristics and strategic Change: The case of airline deregulation [J]. Organization Science, 2006, 17: 453 –469.

[95] Clarkson P. M., Overell M. B., Chapple L. Environmental reporting and its relation to corporate environmental performance [J]. ABACUS, 2011, 47 (1): 27 –60.

[96] Clarkson P. M., Li Y., Richardson G. D., et al. Revisiting the relation between environmental performance and environmental disclosure: An empirical analysis [J]. Accounting Organization and Society, 2008, 33 (4): 303 –327.

[97] Cohen D. A., Dey A., Lys T. Z. Real and accrual based earnings management in the pre-and-post-sarbanes-oxley periods [J]. The Accounting

Review, 2008, 83 (3): 757 – 787.

[98] Cormier D., Magnan M. Corporate environmental disclosure strategies: Determinants, costs and benefits [J]. Social ence Electronic Publishing, 2000, 14 (4): 429 – 451.

[99] Cormier D., Magnan M. The impact of social responsibility disclosure and governance on financial analysts' information environment [J]. Corporate Governance, 2014, 14 (4): 467 – 484.

[100] Cormier D., Magnan M., Van V. B. Environmental disclosure quality in large German companies: Economic incentives, public pressures or institutional conditions? [J]. European Accounting Review, 2005, 14 (1): 3 – 39.

[101] Cormier D., Gordon I. M. An examination of social and environmental reporting strategies [J]. Accounting, Auditing and Accountability Journal, 2001, 14 (5): 587 – 616.

[102] Cowan S., Gadenne D. Australian corporate environmental reporting: A comparative analysis of disclosure practices across voluntary and mandatory disclosure systems [J]. Journal of Accounting and Organizational Change, 2005, 1 (2): 165 – 179.

[103] Cowen S. S., Ferreri L. B., Parker L. D. The impact of corporate characteristics on social responsibility disclosure: A typology and frequency-based analysis [J]. Accounting, Organizations and Society, 1987, 12 (2): 111 – 122.

[104] Crawford E. P., Williams C. C. Should corporate social reporting be voluntary or mandatory? Evidence from the banking sector in France and the United States [J]. Corporate Governance International Journal of Business in Society, 2010, 10 (4): 512 – 526.

[105] Darnall N., Henriques I., Sadorsky P. Adopting proactive environmental strategy: The influence of stakeholders and firm size [J]. Journal of Management Studies, 2010 (47): 1072 – 1094.

[106] Deckop J. R., Merriman K. K., Gupta S. The effects of CEO pay

structure on corporate social performance [J]. Journal of Management, 2006, 32 (3): 329 – 342.

[107] Deegan C., Rankin M., Tobin J. An examination of the corporate social and environmental disclosures of BHP from 1983 – 1997: A test of legitimacy theory [J]. Accounting Auditing and Accountability Journal, 2002, 15 (3): 312 – 343.

[108] Delmas M. A., Toffel M. W. Organizational response to environmental demands: Opening the black box [J]. Strategy Management Journal, 2008, 29 (10): 1027 – 1055.

[109] Diego P., Jordi S., Josep A. T. Are socially responsible managers really ethical? Exploring the relationship between earnings management and corporate social responsibility [J]. Corporate Governance an International Review, 2008.

[110] Doh J. P., Guay T. R. Corporate social responsibility, public policy, and NGO activism in Europe and the United States: An institutional-stakeholder perspective [J]. Journal of Management Studies, 2006, 43 (1): 47 – 73.

[111] Eisner M. A. Corporate environmentalism, regulatory reform, and industry self-regulation: Toward genuine regulatory reinvention in the United States [J]. Goverance 2004, 17 (2): 145 – 167.

[112] Eng L. L., Mak Y. T. Corporate governance and voluntary disclosure [J]. Journal of Accounting and Policy, 2003, 22: 325 – 345.

[113] Ferguson M. J., Lam K. C. K., Lee G. M. Voluntary disclosure by State-owned enterprises listed on the stock exchange of HongKong [J]. Journal of International Financial Management and Accounting, 2002, 13 (2): 125 – 151.

[114] Fernandez – Feijoo B., Romero S., Ruiz S. Does board gender composition affect corporate social responsibility reporting? [J]. International Journal of Business and Social Science, 2012, 3 (1): 31 – 38.

[115] Fonseka M., Rajapakse T., Richardson G. The effect of environ-

mental information disclosure and energy product type on the cost of debt: Evidence from energy firms in China [J]. Pacific-Basin Finance Journal, 2019: 159 - 182.

[116] Freeman R. E. Strategic management: A stakholder approach [J]. Journal of Management Studies, 1984, 29 (2): 131 - 154.

[117] Frost G. R. The introduction of mandatory environmental reporting guidelines: Australian evidence [J]. ABACUS, 2007, 43 (2): 190 - 216.

[118] Gray R., Kouhy R., Lavers S. Corporate social and environmental reporting: A review of the literature and a longitudinal study of UK disclosure [J]. Accounting, Auditing and Accountability Journal, 1995, 8 (2): 47 - 77.

[119] Gray R., Javad M., Power D. M., et al. Social and environmental disclosure and corporate characteristics: A research note and extension [J]. Journal of Business Finance & Accounting, 2001, 28: 327 - 356.

[120] George E. I. Environmental disclosure quality: Evidence on environmental performance, corporate governance and value relevance [J]. Emerging Markets Review, 2013, 14: 55 - 75.

[121] Giles O. A., Murphy D. SLAPPed: The relationship between SLAPP suits and changed ESG reporting by firms [J]. Sustainability Accounting, Management and Policy Journal, 2016, 7: 44 - 79.

[122] Gill A., Allen J., Powell S. CG Watch 2010—Corporate Governance in Asia [R]. Credit Lyonnais Securities Asia in Cooperation with the Asian Corporate Governance Association: Hong Kong, 2010.

[123] Grossman S. J., Stiglitz J. E. Information and competitive price systems [J]. The American Economic Review, 1976: 246 - 253.

[124] Grougiou V., Leventis S., Dedoulis E., et al. Corporate social responsibility and earnings management in U. S. banks [J]. Accounting Forum, 2014, 38 (3): 155 - 169.

[125] Guthrie J., Cuganesan S., Ward L. Industry specific social and environmental reporting: The Australian food and beverage industry [J]. Accounting Forum, 2008, 32 (1): 1 - 15.

[126] Hambrick D. C. , Mason P. A. Upper echelons: The organization as a reflection of it's tops managers [J]. Academy of Management Review, 1984, 9 (2): 193 – 206.

[127] Hamilton R. J. Does corporate governance influence misstatement disclosure timeliness? [D]. Syracuse: Syracuse University, 2012.

[128] Haniffa R. M. , Cooke T. E. The impact of culture and governance on corporate social reporting [J]. Journal of Accounting and Public Policy, 2005, 24: 391 – 430.

[129] Harsanyi J. Models for the analysis of balance of power in society [J]. Studies in Logic & the Foundations of Mathematics, 1966, 44: 442 – 462.

[130] Harsanyi J. C. Papers in game theory [M]. Papers in Game Theory, 1982.

[131] Hassan A. , Ibrahim E. Corporate Environmental Information Disclosure: Factors Influencing Companies' Success in Attaining Environmental Awards [J]. Corporate Social Responsibility and Environmental Management, 2012, 19: 32 – 46.

[132] Hasseldine J. , Salama A. I. , Toms J. S. Quantity versus quality: The impact of environmental disclosure on the reputations of UK Plcs [J]. The British Accounting Review, 2005, 37 (2): 231 – 248.

[133] Hong Y. , Andersen M. L. The relationship between corporate social responsibility and earnings management: An exploratory study [J]. Journal of Business Ethics, 2011, 104 (4): 461 – 471.

[134] Huang C. L. , Kung F. H. Drivers of environmental disclosure and stakeholder expectation: Evidence from Taiwan [J]. Journal of Business Ethics, 2010, 96 (3): 435 – 451.

[135] Hughes S. B. , Anderson A. , Golden S. Corporate environmental disclosures: Are they useful in determining environmental performance? [J]. Journal of Accounting and Public Policy, 2001, 20 (3): 217 – 240.

[136] Jensen M. C. , Meckling W. H. Agency costs and the theory of the firm [J]. Journal of Financial Economics, 1976, 3 (4): 305 – 360.

[137] Juhmani O. Determinants of corporate social and environmental disclosure on websites: The case of Bahrain [J]. Universal Journal of Accounting & Finance, 2014.

[138] Kalnins A. , Dowell G. Community characteristics and changes in toxic chemical releases: Does information disclosure affect environmental injustice? [J]. Journal of Business Ethics, 2017, 47 (2): 1 – 16.

[139] Karim K. E. , Lacina M. J. , Rutledge R. W. The association between firm characteristics and the level of environmental disclosure in financial statement footnotes [J]. Advances in Environmental Accounting & Management, 2006, 3 (3): 77 – 109.

[140] Kathyayini K. L. , Laurence H. , Tilt C. A. Corporate governance and environmental reporting: An Australian study [J]. Corporate Governance the International Journal for effective board performance, 2012, 12 (2): 143 – 163.

[141] Kim E. , Lyon T. P. Strategic environmental disclosure: Evidence from the DOE's voluntary greenhouse gas registry [J]. Journal of Environmental Economics and Management, 2011, 61: 311 – 326.

[142] Kim Y. , Park M. S. , Wier B. Is earnings quality associated with corporate social responsibility? [J]. The Accounting Review, 2012, 87: 761 – 796.

[143] KPMG. International Survey of Corporate Responsibility Reporting 2011 [EB/OL]. http://www. kpmg. com/au/en/Pages/default. aspx, 2013.

[144] Kreuze J. G. , Newell G. E. , Newell S. J. Environmental disclosure: What companies are reporting [J]. Management Accounting, New York, 1996, 78 (3).

[145] Lee E. Information disclosure and environmental regulation: Green lights and gray areas [J]. Regulation and Governance, 2010, 4 (3): 303 – 328.

[146] Lee E. , Walker M. , Zeng C. Do Chinese state subsidies affect voluntary corporate social responsibility disclosure? [J]. Journal of Accounting

and Public Policy, 2017, 36 (3): 179 –200.

[147] Lewis B. W. , Walls J. L. , Dowell G. W. Difference in degrees: CEO characteristics and firm environmental disclosure [J]. Strategy Management Journal, 2014, 35 (5): 712 –722.

[148] Li D. Y. , Cao C. C. , Zhang L. , et al. Effects of corporate environmental responsibility on financial performance: The moderating role of government regulation and organizational slack [J]. Journal of Cleaner Production, 2017, 166: 1323 –1334.

[149] Liao L. , Luo L. , Tang Q. Gender diversity, board independence, environmental committee and greenhouse gas disclosure [J]. British Accounting Review, 2015, 47 (4): 409 –424.

[150] Lu J. , Li B. , Li H. , et al. Sustainability of enterprise export expansion from the perspective of environmental information disclosure [J]. Journal of Cleaner Production, 2020, 252.

[151] Lu Y. , Abeysekera I. What do stakeholders care about? Investigating corporate social and environmental disclosure in China [J]. Journal of Business Ethics, 2017, 144 (1) : 1 –16.

[152] Lu Y. , Abeysekera I. , Cortese C. Corporate social responsibility reporting quality, board characteristics and corporate social reputation: Evidence from China [J]. Pacific Accounting Review, 2015, 27 (1): 95 –118.

[153] MacLean R. , Gottfrid R. Corporate environmental reports: Stuck management processes hold back real progress [J]. Corporate Environmental Strategy, 2000, 7 (2): 244 –255.

[154] Makhija A. K. , Patton J. M. The impact of firm ownership structure on voluntary disclosure: Empirical evidence from Czech annual reports [J]. Journal of Business, 2004, 77 (3): 457 –491.

[155] Marquis C. , Toffel M. , Zhou Y. , Scrutiny, norms, and selective disclosure: A global study of green-washing [J]. Social ence Electronic Publishing, 2011, 27 (2): 483 –504.

[156] Martinez – Ferrero J. , Gallego – Alvarez I. , Garcia – Sanchez

I. M. A bidirectional analysis of earnings management and corporate social responsibility: The moderating effect of stakeholder and investor protection [J]. Australian Accounting Review, 2015, 25 (4): 359 – 371.

[157] Marz J. W. , Powers T. L. , Queisser T. Corporate and individual influences on managers' social orientation [J]. Journal of Business Ethics, 2003, 46 (1): 1 – 11.

[158] Meng X. H. , Zeng S. X. , Tam C. M. , et al. Whether top executives' turnover influences environmental responsibility: From the perspective of environmental information disclosure [J]. Journal of Business Ethics, 2013, 114 (2): 341 – 353.

[159] Michelle S. H. P. , Poh L. H. Female directors on corporate boards: Does female leadership drive corporate environmental transparency? [J]. SHS Web of Conferences, 2017, 34.

[160] Monteiro D. S. S. M. , Aibar – Guzman B. Determinants of environmental disclosure in the annual reports of large companies operating in Portugal [J]. Corporate Social Responsibility and Environmental Management, 2010, 17 (4): 185 – 204.

[161] Mousami P. , Trupti M. , Arti D. K. Environmental disclosure by Indian companies: An empirical study [J]. Environment Development and Sustainability, 2017, 19: 1999 – 2022.

[162] Nash J. C1 Isometric Imbeddings [J]. Annals of Mathematics, 1954, 60 (3): 383 – 396.

[163] Neumann J. V. , Morgenstern O. The Theory of Games and Economic Behaviour [M]. Princeton: Princeton University Press, 1944.

[164] Noronha C. , Tou S. , Cynthia M. I. , et al. Corporate social responsibility reporting in China: An overview and comparison with major trends [J]. Corporate Social Responsibility and Environmental Management, 2013, 20 (1): 29 – 42.

[165] Pan A. An assessment of the quality of environmental information disclosure of corporation in China [J]. Systems Engineering Procedia, 2012,

5: 420 – 426.

[166] Patten D. M. Exposure, legitimacy, and social disclosure [J]. Journal of Accounting and Public Policy, 1991, 10: 297 – 308.

[167] Patten D. M. Intra-industry environmental disclosures in response to the Alaskan oil spill: A note on legitimacy theory [J]. Accounting, Organizations and Society, 1992, 17: 471 – 475.

[168] Patten D. M. , Trompeter G. Corporate responses to political costs: An examination of the relation between environmental disclosure and earnings management [J]. Journal of Accounting and Public Policy, 2003, 22 (1): 83 – 94.

[169] Permana V. A. , Raharja R. Pengaruh kinerja lingkungan dan karakteristik perusahaan terhadap corporate social responsibility (csr) disclosure (studi empiris pada perusahaan manufaktur yang terdaftar di bei) [J]. Pengaruh kinerja lingkungan dan karakteristik perusahaan terhadap corporate social responsibility (csr) disclosure (Studi Empiris pada Perusahaan Manufaktur yang Terdaftar di BEI), 2012.

[170] Petrenko O. V. , Aime F. , Ridge J. , et al. Corporate Social Responsibility or CEO narcissism? CSR motivations and organizational performance [J]. Strategy Management Journal, 2016, 37 (2): 262 – 279.

[171] Quazi A. M. Identifying the determinants of corporate managers' perceived social obligations [J]. Management Decision, 2012, 41 (9): 822 – 831.

[172] Radley Y. , Global Reporting Initiative (GRI). Trends in online sustainability reporting, http://www. globalreporting. org/, 2011.

[173] Roberts C. B. Environmental disclosures in corporate annual reports in Western Europe [A] //OWEN, D. L. Green Reporting: The Challenge of the Nineties [M]. London: Chapman & Hall, 1992.

[174] Robertson J. L. , Barling J. Greening organization through leaders' influence on employees' pro-environmental behaviors [J]. Journal of Organizational Behavior, 2013, 34 (2): 176 – 194.

［175］Ross S. A. The economic theory of agency: The principal's problem ［J］. The American Economic Review, 1973: 134 – 139.

［176］Roy A. , Ghosh S. The bilateral association between discretionary environmental disclosure quality and economic performance: An Asian perspective ［J］. The IUP Journal of Accounting Research & Audit Practices, 2011, 10（2）: 7 – 27.

［177］Roychowdhury S. Earnings management through real activities manipulation ［J］. Journal of Accounting and Economics, 2006, 42 （3）: 1 – 370.

［178］Safari K. M. , Babania A. , Tive M. , et al. An examination to effects of gender differences on the corporate social responsibility（CSR）［J］. Procedia Social and Behavioral Sciences, 2014（109）: 664 – 668.

［179］Saleh M. , Zulkifli N. , Muhamad M. Corporate social responsibility disclosure and its relation on institutional ownership: Evidence from public listed companies in Malaysia ［J］. Managerial Auditing Journal, 2010, 25 （6）: 591 – 613.

［180］Selten R. A note on evolutionarily stable strategies in asymmetric animal conflicts ［J］. Journal of Theoretical Biology, 1980, 84（1）: 93 – 101.

［181］Sembiring E. R. Corporate Characteristic and CSR disclosure: Empirical study on JSX ［J］. National Symposium on Accounting, 2005（8）: 15 – 16.

［182］Shayuti M. A. , David H. , Staden V. , et al. The influence of culture and corporate governance on corporate social responsibility disclosure: A cross country analysis ［J］. Journal of Cleaner Production, 2018, 198: 820 – 832.

［183］Slater D. J. , Dixon H. R. , et al. The future of the planet in the hands of MBAs: An examination of CEO MBA education and corporate environmental performance ［J］. Academy of Management Learning & Education, 2010, 9（3）: 429 – 441.

［184］Smith W. J. , Wokutch R. E. , Harrington K. V. , et al. An examination of the influence of diversity and stakeholder role on corporate social orientation [J]. Business and Society, 2001, 40 (3): 266 – 294.

[185] Soltani E. , Syed J. , Liao Y. Y. , et al. Managerial mindsets toward corporate social responsibility: The case of auto industry in Iran [J]. Journal of Business Ethics, 2015, 129: 795 – 810.

[186] Spence M. Job Market Signalling [J]. Quarterly Journal of Economics, 1973, 87 (3): 355 – 379.

[187] Sumiani Y. , Haslinda Y. , Lehman G. Environmental reporting in a developing country: A case study on status and implementation in Malaysia [J]. Journal of Cleaner Production, 2007, 15 (10), 895 – 901.

[188] Sun N. , Salama A. , Hussainey K. , et al. Corporate environmental disclosure, corporate governance and earnings management [J]. Managerial Auditing Journal, 2010, 25 (7): 670 – 700.

[189] Tagesson T. , Blank V. , Broberg P. , et al. What explains the extent and content of social and environmental disclosures on corporate websites: A study of social and environmental reporting in Swedish Listed Corporations [J]. Corporate Social Responsibility and Environmental Management, 2009, 16: 352 – 364.

[190] Tagesson T. , Klugman M. , Ekstroem M. L. What explains the extent and content of social disclosures in Swedish municipalities' annual reports [J]. Journal of Management and Governance, 2013, 17 (2): 217 – 235.

[191] Tang Y. , Wu S. , Miao X. , et al. Resilience to evolving drinking water contamination risks: A human error prevention perspective [J]. Journal of Cleaner Production, 2013, 57: 228 – 237.

[192] Tilling M. V. , Tilt C. A. The edge of legitimacy [J]. Accounting, Auditing and Accountability Journal, 2010, 23: 55 – 81.

[193] Ullmann A. A. Data in search of a theory: A critical examination of the relationships among social performance, social disclosure, and economic performance of US firms [J]. Academy of Management Review, 1985, 10 (3): 540 – 557.

[194] Unerman J. Reflections on quantification in corporate social repor-

ting content analysis [J]. Accounting, Auditing and Accountability Journal, 2000, 13 (5): 667 – 680.

[195] Unerman J. , Guthrie J. , Striukova L. UK reporting of intellectual capital [R]. London: Institutes of Chartered Accountants in England and Wales, 2007.

[196] Velte P. Does ESG performance have an impact on financial performance? Evidence from Germany [J]. Social ence Electronic Publishing, 2017, 8 (2).

[197] Villiers C. D. , Naiker V. , Staden C. J. V. The effect of board characteristics on firm environmental performance [J]. Journal of Management, 2011, 37 (6): 1636 – 1663.

[198] Wang H. , Xu J. , Wang D. , et al. Cleaner production based on sustainable development in Chinese power plants [J]. Environmental Engineering Science, 2015, 32 (6): 461 – 469.

[199] Weber O. Environmental, social and governance reporting in China [J]. Business Strategy and the Environment, 2014, 23 (5): 303 – 317.

[200] Wilmshurst T. M. , Frost G. R. Corporate environmental reporting: A test of legitimacy theory [J]. Accounting Auditing & Accountability Journal, 2000, 13 (1): 10 – 26.

[201] Wiseman J. An evaluation of environmental disclosures made in corporate annual reports [J]. Accounting, Organizations and Society, 1982, 7 (1), 53 – 63.

[202] Wright M. Goodbye Green Glossy [J]. Tomorrow, 1995, 5 (4): 48 – 54.

[203] Yokota R, Mitsuhashi H. Attributive change in top management teams as a driver of strategic change [J]. Asia Pacific Journal of Management, 2008, 25 (2): 297 – 315.

[204] Yousra N. E. The impact of corporate characteristics on environmental information disclosure: An empirical study on the listed firms in Egypt [J]. Journal of Business and Retail Management Research, 2018, 12 (2).

[205] Yu F. , Yu X. Corporate lobbying and fraud detection [J]. Journal of Financial and Quantitative Analysis, 2011, 46 (6): 1865 – 1891.

[206] Zeng S. X. , Hu X. D. , Yin H. T. , et al. Factors that drive Chinese listed companies in voluntary disclosure of environmental information [J]. Journal of Business Ethics, 2012, 109 (3): 309 – 321.

[207] Zeng S. X. , Xu X. D. , Dong Z. Y. , et al. Towards corporate environmental information disclosure: An empirical study in China [J]. Journal of Cleaner Production, 2010, 18 (12): 1142 – 1148.

[208] Zhang C. Political connections and corporate environmental responsibility: Adopting or escaping? [J]. Energy Economics, 2017, 68: 539 – 547.